CHIDU

尺度

山西出版传媒集团 山西人民出版社

图书在版编目（CIP）数据

尺度 / 许彤编；大漫工坊绘 . -- 太原 ：山西人民
出版社，2024. 8. -- ISBN 978-7-203-13517-3

Ⅰ . B821

中国国家版本馆 CIP 数据核字第 20247UL250 号

尺度

编　　者：许　彤
绘　　者：大漫工坊
责任编辑：魏美荣
复　　审：崔人杰
终　　审：贺　权
装帧设计：言　诺

出 版 者：山西出版传媒集团·山西人民出版社
地　　址：太原市建设南路21号
邮　　编：030012
发行营销：0351 - 4922220　4955996　4956039　4922127（传真）
天猫官网：https://sxrmcbs.tmall.com　电话：0351 - 4922159
E－mail：sxskcb@163.com　发行部
　　　　　sxskcb@126.com　总编室
网　　址：www.sxskcb.com

经 销 者：山西出版传媒集团·山西人民出版社
承 印 厂：三河市同力彩印有限公司

开　　本：710mm×1000mm　　1/16
印　　张：9
字　　数：140千字
版　　次：2024年8月　第1版
印　　次：2024年8月　第1次印刷
书　　号：ISBN 978-7-203-13517-3
定　　价：49.80元

如有印装质量问题请与本社联系调换

前 言

在中国悠久的历史长河中，"尺度"这一看似简单却深邃的概念，始终与我们的文化血脉紧密相连。它不仅是中庸之道的具体体现，更是凡事有度、过犹不及的哲学精髓。在古老智慧的照耀下，我们学会了在纷繁复杂的世界中寻求平衡，懂得在进退之间把握那一份恰到好处的分寸。

把握尺度，其益处不言而喻。它如同一位导师，引领我们在复杂多变的社会环境中游刃有余。在职场上，适度的谦逊与自信，既能赢得他人的尊重，又能避免不必要的锋芒毕露；在家庭中，恰到好处的关爱与理解，能够营造和谐有爱的家庭氛围。尺度，让我们的生活更加有序，也让我们的心灵得以安宁。

然而，要真正把握尺度，并非易事。这需要我们具备敏锐的洞察力、深切的同理心，不断地学习和实践。从自我认知开始，我们需要把握自己为人处世的底线和界限，同时也要尊重他人的空间与感受。在与人交往中，学会倾听、观察与反思，不断调整自己的言行举止，待人忠恕宽容，对己慎独自修，使之更加符合"度"的要求。此外，我们还应学会在情绪与理智之间找到平衡，避免因冲动而破坏原本良好的关系。

古往今来，无数名人名言都在诠释着"尺度"的深刻内涵。如孔子所言："己所不欲，勿施于人。"这不仅是做人的基本准则，也是把握尺度的重要原则。又如曾国藩所提："行事不可任心，说话不可任口。"提醒我们在言行上都要有所节制，不可随心所欲。这些名言警句指引着我们在人生的道路上不断前行，寻找那份属于自己的"度"。

本书正是基于对"度"的思考而生，通过深入浅出的分析、生动鲜活的案例以及轻松幽默的插图，探讨尺度在人际关系、事业竞争、心理健康等多个方面的重要性。希望能帮助读者在实践中逐步提升对"度"的把握能力，在职场中进退有度，在家庭中温馨和谐，与朋友间情谊长久，让生活因尺度的恰当运用而更加美好。

希望您能在纷扰的世界中保持内心的宁静与坚定，在成功与失败之间找到属于自己的平衡与满足，以更加从容的姿态，开启一段更加积极、和谐的人生旅程。

目 录

第三章

做事有度，凡事适可而止

第四章

做人有度，需有原则和底线

 第五章

生活有度，悲喜置于心外

第一章

说话有度，语言要有分寸感

中国人说话一直很讲究"度"，也就是常说的"分寸"。知人不必尽言，言尽则无友；责人不必苛尽，苛尽则众远；敬人不必卑尽，卑尽则少骨。将分寸把握得恰如其分，既是对别人的尊重，也是对自己的保护。

赞美有度，
赞美并不是"拍马屁"

　　赞美别人会使对方对你产生好感，从而使相互之间的关系融洽，但我们应该明确一点，赞美并不是拍马屁，也不等同于阿谀奉承。赞美首先要出于**真诚**，在对对方了解的基础之上做出的最佳判断，才会让人感觉到**真挚**。赞美就像一瓶"空气清新剂"，能让对方心情舒畅，"美化"你的人际关系。所以，不要吝惜赞美的语言，一些美好的爱情诗都是从赞美开始的。

适度赞美，言过其实会招人反感

　　人们总是爱听赞美自己的话，一个人受到对方赞美时，心情欣喜，如沐春风。有人可能会有这样的困惑：明明我说的是赞美的话，为什么对方反而不开心呢？大概率是赞美过度，讲得太离谱反而适得其反。因此，对别人的赞美要有分寸，要**切合实际、恰如其分**，而非言过其实，说得天花乱坠反而容易令人不适甚至反感。

　　赞美忌过度。既然是赞美，难免有夸张的成分，但过了合适的"度"，就会给人虚假甚至是嘲讽的感觉。比如说一个成绩很好的小孩智商堪比爱因斯坦，说一个长得不错的女孩比古代的四大美女都漂亮，这样的话过分夸张，让人听起来像是别有用心。

　　如果想不出什么好听的赞美的话语，可以说一些场面话，结合他人的个性、身份、地位等，**因人、因时、因地、因场合**，适当对他人赞美。譬如对年轻人，我们可以说一些风华正茂、年轻有为之类的赞语；对中年人，说对方幽默风趣、成熟稳健的赞语；对年长者，说经验丰富、德高望重之类的赞语。此外，女性喜欢听年轻、漂亮、优雅之类的赞美；孩子喜欢听可爱、聪明、活泼之类的赞美；病人喜欢听精神不错、病情见好之类的话语。这些赞美的话可能不会有什么大的作用，但至少能显示你的礼貌，而不会因为太不着边儿而引起对方反感。

赞美之词是对他人的肯定，同时，赞美本身也是一种美德，反之则是挖苦，见不得别人比自己优秀、比自己过得好，这样的心态很难让你真诚地赞美他人。因此，真诚由衷的赞美还需要一定的度量。

哟！这是您闺女呀！长得真漂亮！一看就是三好学生，成绩还不错吧！

哎呀！成绩马马虎虎啦！也就班级中上游吧，保持就好。

谢谢阿姨夸奖。

赞美宜具体，要言之有物

赞美有忌讳，俗套的话不如不讲。譬如夸一个女性漂亮，她可能没什么感觉，因为漂亮一词人人都会说，但假如你说"我想了半天都不

知道用什么词来形容你的美"，会让人有意外之喜。总之，赞美也要**有新鲜感，不落俗套**，才能说到人心坎里去。

　　赞美的话不要太空泛，想清楚再说。比如路上见到一位女性朋友，你光说她漂亮，但没有下文，别人心里可能会想：然后呢？是我今天的妆化得好吗？还是衣服穿得好？还是我瘦了？可能也只是恭维我一下……所以赞美需要具体，列举一些细节，指出她的**过人之处**，会显得你的赞美真诚用心。

赞美忌误伤，一踩一捧不可取

　　赞美也须注意情境，**一踩一捧不可取**。当几个人同时在场的时候，切不可赞美其中一个而贬低另一个，这对于被贬低的那位等同于双倍打击，被贬低者可能会很尴尬，还可能抓狂暴怒，而被赞美者也会不自在，难以自处。这种做法，很难让人相信是无心的，还可能被认为是在故意制造矛盾。

还有一种情况是，赞美了其中一个，没有赞美其他的人，虽然也没贬低他们，但他们心里也会不舒服——我比他差在哪里了？所以，这时宜做到"雨露均沾"，别夸了这个，落下了那个。譬如面对几个女孩子，夸其中某个女孩漂亮，就等同于说其他女孩不漂亮。或者，夸某个同事能力优秀，也要注意身边有没有与他同岗位的同事，不然容易得罪人。

坚持说好话，背后赞美更有好人缘

在各种赞美方式中，背后赞美他人算是最令人高兴的，这种方式更能体现出真诚。因为如果直接赞美别人，无论这番赞语多么别出心裁、优雅动听，对方事后也会认为不过是应酬话、恭维话。若是通过第三方的传达，效果便截然不同了，当事者必然认为那是真诚的赞美，心中对你也多了几分好感。

有人可能会问，那要怎样才能让赞美通过第三方传到他人的耳朵里呢？答案是：少说坏话多赞美。

譬如在职场中，总有一些同事喜欢聚在一起，讨论那些不在场同事的是非，**揭人短处、论人隐私，甚至搬弄是非**。无论你有意还是无意，这些话传到当事人的耳朵里，都会变成令人不舒服的坏话。有时参与八卦的人并非故意传播，而是又通过其他人，间接地传到当事人的耳朵里，原本的话也很可能被人添油加醋。这就是"**好事不出门，坏事传千里**"的道理。

同样，坚持在背后说别人好话，不用担心这好话传不到当事人的耳朵里。比如，在与同事们闲谈时，顺便说了老板的几句好话，就有可能间接传到老板耳朵里。不要小看这些细节，生活就是由无数个细节组成的。

坚持在别人背后说好话，对你的人缘会有意想不到的影响。

幽默有度，
幽默不等于讥讽

　　幽默风趣的谈吐，是一个人人格魅力的体现。在人与人的交往、沟通中，恰如其分的幽默会使交谈不再僵化，气氛不再紧张。在出现一些小尴尬的时候，一句幽默的话语，能如春柳拂堤般将尴尬轻柔化解。一个幽默的人，不会缺少朋友，也往往有好人缘。但是，**幽默要有度**，而且有些时候、有些人对幽默的理解存在误区。

讥讽不是幽默

　　有时，我们对幽默的理解存在误区，认为**讥讽就是幽默**，殊不知这样的"幽默"会给人带来伤害。这种讥讽，不但不能调节气氛，还会让人

觉得说话的人很低级，让人觉得你在幸灾乐祸，甚至招致一顿骂，从而影响人际关系。

　　当别人处于尴尬之中，或有难言之隐的时候，我们不应该乱用幽默，因为这时即使你没有恶意，也会让人不舒服，幽默也就变成了讥讽和损人的话语。对方可能本来就因为这个问题正感到苦恼自卑，你这样讲就成了火上浇油，给身处烦恼的人添堵，你们的关系还有得处吗？需要注意的是，尤其不能对别人的身体、形象进行讥讽来当作幽默，此时的"幽默"已经与幽默无关，而是**人身攻击**了。

强行幽默 ≈ 哗众取宠

　　幽默是由内而发的，这取决于一个人的**性格和自身底蕴**。适度且恰当的幽默是合时宜、有内涵的，而不是为了幽默而幽默。强行幽默与不适时的幽默会让人觉得你是一个跳梁小丑，是为了哗众取宠引人注意，得到的可能是一句"收起你那自以为的幽默感吧"。想活跃气氛是好事，逗大家一笑，何乐而不为呢？但如果不知该如何幽默，那还不如沉默，**强行幽默适得其反**，搞不好就变成了牵强附会，"你的笑话并不好笑，还让人感到不适"。

幽默要分场合和情境

即使你是一个幽默的人，也要分清**场合和情境**，不是所有的场合和情境都适合幽默。话又说回来，一个真正懂得幽默的人，深谙幽默是要与情境相合的。

当别人经历不幸或者悲伤的事情时，我们应该共情，给对方以问候和安慰，如果做不到共情就保持沉默，在这种情境下无论是真幽默还是假幽默都是**不合时宜**的。这时的所谓幽默，会变成调侃和戏谑，并且有幸灾乐祸之嫌，会使人觉得你冷血、没教养、没同情心。

在庄严肃穆的场合，也不能乱幽默。比如，在缅怀先烈的时候，有人莫名其妙地来一句不合时宜的"幽默"，我想这时大家都会鄙夷他吧，此时所谓的幽默就是对先烈的不敬，是**忘本和不知礼**。

幽默要分人、分段位

不是每个人都喜欢你的幽默，也不是每个人都能听懂你的幽默，所以，幽默要分对象。相似的**文化层次和文化背景**相当于一种通用语言，文化水平相当的人更容易get到对方幽默的点，所以幽默的对象也是分段位的，不可一概而论一成不变。就像跟一位歌剧演员讲二人转的段子，他可能听不懂也不想听，因为"歌剧"和"二人转"之间的文化差异太大了。

对于一个不苟言笑的人不要随意幽默，因为他可能体会不到你幽默的点在哪里，这种类型的人往往**古板严谨**，他们只想谈事务，而不懂搞气氛。你对他们幽默，不但达不到预期的效果，还会冷场尴尬，可能会以你自我解嘲的笑声结束对话。这种情境下，你正常说话就可以了，莫让对方觉得你嬉皮笑脸不靠谱。

岳父大人在上，请受小弟一拜。

还有一种不识"逗"的人，对于你并无恶意的幽默可能会恼怒翻脸。这类人，往往容易误会，认为你在挑衅他、捉弄他或者挑他的刺儿，"你这话什么意思"？然后"各种意思"就都被解读出来了，你在无意之中就得罪了他，那么这种幽默就是**画蛇添足**了。

在长辈面前不宜乱用幽默，如果对方是特别注重礼仪的人，可能会觉得你跟谁都瞎贫，目无尊长、举止轻浮，没有教养还自以为是。

练成高级"段子手"，需要幽默大智慧

在各种媒体上，乃至在生活中，我们会接触到一些"段子手"。他们很幽默，既能成功调动气氛，还能使他们想要表达的观点被我们熟知并深刻记忆，感染周围的人。他们的幽默特别有深度，不会仅仅让人一笑了之，而是会在某些时候不自觉地想起，会去思考笑一笑之后的深层次意味。这种高级段子手，需要幽默大智慧。要几句贫嘴，逗几句闷子成不了高级段子手。因为这与一个人的**学识、经历、情商**等多方面因素相关，想要成为一个**高级幽默的段子手**，就应该从各方面提升自己。高级的幽默是一种由内在气质和学识转化而来的输出品，而非几句单纯的搞笑话语。没有大量的输入，何来精品的输出呢？

段子手

批评有度，
语言攻击不可取

在生活、工作中，犯错是不可避免的。当你行走于错误路线时，如果有人及时批评指正，那么你是幸运的，这会帮助你回归正确的道路。这些批评可能来自**领导、长辈、朋友**……那么，这些批评当中，是不是有些会令你感觉受益匪浅，而另一些会让你觉得听不进去甚至大为恼火？同样，当你试图去纠正他人的错误时，是否也会遇到一些人对于你的批评十分反感呢？这说明批评要讲究方式，更要有度。

批评基于善意，语言攻击不可取

对别人提出批评的时候，我们一定要做好定位，批评是为了警醒、指正对方，而不是为了突出自己。其出发点是善意的，而不是为了攻击别人抬高自己。在对对方进行批评指正时，应该**就事论事，对事不对人**，讲清楚在某件事情中对方的疏漏和错误在哪里，这就足够了。

如果劈头盖脸地讲，你这人不行，怎么这样！那对方一气之下可能会回你一句"谁都不行，就你行"！然后，建议还没来得及提出来就没有下文了。当对方出现这样或那样的错误时，批评对方说："你真愚蠢，这点事都做不好，你看我是怎么做的？"类似这种批评方式更是大忌。因为这样就抛开了错误本身，上升为**人身攻击**，同时还自夸，这就变成了攻击别人抬高自己。

　　换位思考一下，如果有人以这样一种方式跟你说话，你会从心底觉得他是在为你好吗？我想不会。因为从言语中让人感受到的是恶意，甚至与指正毫无关系。这时你还有耐心深入思考吗？还会想自己存在哪些问题并加以改正吗？我想概率也很小，因为被攻击之后，愤怒的情绪可能已经占据了你的内心。所以，**注意讲话方式**，言语攻击对批评者和被批评者都没有好处，这不但起不到批评指正的作用，还会让彼此产生隔阂。

关系不同方式也不同

　　在对别人提出批评的时候，不同的关系要用不同的方式和话语。比如，领导批评下属，**应敞开心扉，就事论事**，讲明下属的错误在哪里，并指导他应该如何去做，避免以上压下俯视对方。这样，下属会觉得"领导能成为领导不是没有原因的，讲得真有道理，还这么有耐心……"心中的敬佩之感油然而生，工作会更加努力。

　　长辈批评晚辈的时候，可以**委婉一些**，语重心长地给晚辈建议。此时的角色，与其说是一位批评者，不如说是一位灵魂导师。这样不但指导了晚辈，更表现出长者的德高望重与慈爱之情，晚辈对你的敬重也就随之加深了。

　　朋友之间的批评，可以以玩笑的语气，**委婉地提醒对方**。这样既指出了朋友的错误，又能使其感受到友情的温暖。

点到为止，不要忘了对方的优点

　　俗话说，人有脸树有皮，中国人特别注重面子文化。注意分清批评和贬低的界限，在别人犯错的时候，提出批评点到为止，对方意识到自己的错误就够了，**不可一味地批评**，一味批评就变成了贬低。

　　一个人在被批评的时候，会产生羞愧感，表现为脸红、局促不安等。如果肆意批评更会使人面红耳赤，这种气氛不利于沟通，也不利于对方改正自己的错误。

　　狂轰滥炸般的批评会使对方失去自信，**产生自我怀疑**，不利于重新回归正确的路线。没有人喜欢听贬低的话，每个人都各有优缺点，指出不足的同时，不要忘了**肯定对方的优点**，夸赞一下对方。批评后的赞美会使对方感受到你的善意，更容易接受你的建议，还能避免误会你在贬低他，也会打心底里真心感激你。

和稀泥是万能药吗

　　和稀泥是万能药吗？答案是否定的。但是，不可否认，和稀泥的方式在很多时候也是能起到好作用的，所以，**和稀泥要分情境**。

　　如果涉及讲原则的事情，和稀泥显然是不合适的。这时就应该讲清楚，不能抛弃原则。涉及讲原则的事情要你表态，你却说这样也好那样也没毛病，这等于没说，会让人觉得你没有是非观念，或者过于圆滑，是滥好人的印象。

不违反原则的情况下，可以适当和稀泥。比如，两个朋友起争执，要你做评判，都想让你批评对方的错误，这时就可以适当和稀泥，因为谁是谁非这时并没有那么重要。比如把两个人的问题都简单提一下，然后说其实大家都算不上有问题，因为**不涉及原则**，大家都是成年人，他们会明白你的用意，过后也会去思考自己的不妥之处。如果你上纲上线地论述一番，不但把**小问题扩大化**，还有可能把双方都得罪了。

职场沟通有分寸，
少说闲话多赞美

职场中，各部门之间、同事之间都少不了沟通协调。良好而有度的沟通能提升工作效率，也能让你与同事和谐相处。公司和企业，是创造价值和利益的地方，不是扯闲篇儿的场所。职场沟通应**礼貌、清晰、高效**，没用的话不要讲。高效的沟通，会让公司运行也更加高效，而讲闲话只会降低公司的效率，搞坏公司的风气。

表达有分寸，不要发泄情绪

生活节奏越来越快，尤其在职场中，更加注重高效，表达更要有分寸，在职场沟通中，应该保持礼貌，清晰地表达出要沟通的内容，以便于对方快速理解，这样对方会觉得沟通流畅，也会更愿意跟你配合。切勿吞吞吐吐、含含糊糊、欲言又止，这种讲话方式适用于情景剧，而不适用于职场。工作内容**表达清晰**就可以了，不宜讲过多的话。

尤其要注意的是，在忙碌的工作中，难免会有情绪，比如同事配合不给力、效率低等，虽然这令人苦恼，但职场是工作的场所，**不是发泄情绪的场所**，你仍然只将工作内容沟通完毕就可以了，至于其他同事的问题，自会有人看到，不可不顾分寸，发泄情绪，这样解决不了问题，不利于以后的相处和合作。

在职场沟通中，盛气凌人的讲话方式也是很失分寸的。虽然职责、职务各有不同，但应该本着人人平等的原则进行沟通，不可自认为高人一等，在语言上颐指气使，这样，不尊重别人也难以获得别人的尊重。

表达的另一面就是倾听，**学会倾听**可以帮助我们更好地表达。经常听到这样的吐槽：跟某某说话怎么这么费力气，连话都听不懂，怎么沟通工作啊，真是猪队友！事实上，很多时候，听不懂话并非因为智商不高，而是缺乏倾听的耐心。沟通是双向的，所以，**要高效沟通**，不仅需要清晰的表达，还需要耐心的倾听。如果你非常强势地一味要求别人听你讲话，却总是打断别人或干脆拒绝倾听，那么即使你能力很强，也很难和他人保持长久的合作关系。

多谈工作，莫说闲话

在职场沟通中，**要尊重同事**，这样才有可能获得对方的尊重。所谓职场，顾名思义是工作的场所，不是闲聊的场所。如果总说一些与工作无关的事情，工作时间必然会被占用，上司会质疑你的工作态度和工作习惯，同事也会觉得你无所事事是个闲人。

另外，八卦别人的私事更不可取，以别人的私事当谈资是不文明和素质低的行为。总是东家长西家短会拉满你的**低级感**，不但浪费工作时间，还会给人留下"碎嘴婆"的印象，无论从工作角度还是同事相处的角度，都是无益的。

俗话说，没有不透风的墙。职场上的同事关系也比较复杂，如果你总在背后议论别人的私事或是讨论公司的决策，说不定什么时候就会传到当事人的耳中。如果真是这样，你见到当事人是不是也会很尴尬？在以后的工作中该如何协作、如何相处呢？所以在职场中，我们要**少说闲话**，多干正事。

同事配合，莫忘赞美

每个人都喜欢听到赞美，这是一种**肯定**，也是一种**礼貌**。与同事相处过程中，不要忘记给同事赞美。简单的话语，却能起很大的作用。与同事沟通完毕，可以讲一句类似"与您沟通很流畅"的话；当与同事配合完成

工作之后，可以讲一句类似"跟您合作很愉快，您的工作能力太出色了，以后多指教"的话，对方听了会心情愉快，同时也会在心中称赞你彬彬有礼，从而更利于以后的工作和交际。

诚然，赞美并非让你说些违心的话。你的同事在工作中某些方面的能力很强，那么在适当的时候**给予他人工作能力上的赞美**，也是一件愉己愉彼的事。这首先表明你是一个谦虚的人，能够看到他人的优点，骄傲自满的人通常不愿意承认他人的长处；而不吝啬赞美之词，又说明你是一个**知礼懂礼**的人，懂得赞扬并能让人听得舒心，也是一门学问，这需要日积月累的学习，而非要耍嘴皮子那么简单。

注意职责范围，提醒有度

工作中的配合往往是多部门的，会涉及不同部门的很多同事。如果发现某方面存在问题，但不在自己的工作范围内，该如何处理呢？坐视不管显然不是好的选择，因为这样显得**不负责任**，还有可能给单位带来损失。

　　这时我们可以给相关同事以善意的提醒，但一定要注意提醒有度。以提醒达到同事明白你的意思为尺度即可，切不可越俎代庖伸手过长，这样既**破坏规则**，又容易费力不讨好。要明白，你对他的事情进行提醒，得到的是感激，但如果你参与他的事情，得到的可能会是"白眼"。在进行善意提醒之后，不要**随意品评别人的工作**，更不可趁机抬高自己，你的能力会有人看到，自夸会适得其反。

分清职务，越级沟通不明智

　　如果没有受到特别邀请，或者处于紧急情况，就不要越级沟通。职场中的每一级职务都是高层任命的，自有其任命的原因，切不可绕过你的顶头上司**越级沟通**。这样是不尊重顶头上司的行为，很可能会受到排挤。而上层接到你的越级沟通也会觉得你很冒昧。每个职位都有其相应的工作内容，你越级跟上层沟通，并不会给上层留下你很上进的印象，反而会让人觉得你**不遵守规则**。

那么如果是上层绕开中层**越级沟通**呢？是否就可以肆无忌惮，任意而为了？答案是否定的。因为，你作为中层的顶头上司，与你直接交接的是中层。说得直白点，中层人员是直接为你工作的。虽然你的职务高于中层人员，但如果绕开他直接与他的下级沟通，他可能会觉得你不尊重他、不信任他，工作的积极性也会大打折扣。

如果是特殊情况下，确实需要越级沟通的时候，也要说明原因。比如，主管因为某些原因不能来亲自沟通，所以委派我来的，等等。这样既礼貌，又能够**避免误会**。

家庭沟通有分寸，
有些事不能省略

夫妻感情和睦是家庭稳定的基础，夫妻和睦让父母放心，使孩子快乐。怎样才能处理好与爱人的关系呢，勤于沟通是不可或缺的。夫妻关系是人间最亲密的关系之一，但在如此亲密的关系中，沟通也要注意技巧与方式，正是因为最亲密的关系，所以也更容易伤害到对方，不能过于直白口无遮拦。**良言一句三冬暖，恶语伤人六月寒**，在夫妻关系中也是同样适用的。

沟通是必要的，也是必须的

俗话说，勺子没有不碰锅沿儿的，这句话往往特指夫妻关系。夫妻二人在生活的方方面面几乎都在一起，有摩擦、有争吵是再正常不过了。再亲密的关系毕竟也是两个个体，有些时候有些事，觉得对方不尽如人意就要勤于沟通。有矛盾时，应该及时讲清楚自己在意的点在哪里，然后解决问题。如果憋在心里，久而久之就会发生质变，觉得对方不可救药、不可理喻，**轻则一地鸡毛，重则婚姻破裂**。通则不痛，痛则不通。有问题就要说出来，这是有必要的，也是必须的。

在一个家庭中，除了夫妻之间的沟通，还有与孩子的沟通。在孩子成长过程中，**沟通是必须的**，通过沟通，我们才能知道孩子的心理发展情况，发现问题，进行必要的引导。

就事论事，不要给人下定义

夫唱妇随是很多人的美好愿望，但现实是二人意见不一致，这是正常的。面对这种情况，我们首先要有一个正确的认知。很简单，每个人的想法不同，不能剥夺对方独立思考的权利。**大男子主义、大女子主义**都是不可取的，我想，在压制下生活毕竟是大多数人所不愿意的。沟通不是炮轰，当二人意见不统一时或者觉得对方有不妥之处的时候，应以礼貌的方式、温和的态度与对方沟通。比如，可以说："亲爱的，你看这件事如果这样做是不是会更好？"或者说："宝贝，把你的想法说出来，**我很想倾听**。"我们是**以解决问题为目的**，而不是以发泄情绪为目的，不宜用给对方下定义的语气来讲话。比如，"你这个人就是不行""你真是不可救药""你是个不上进的人""跟你结婚肠子都悔青了"诸如此类的话，不但解决不了问题，还改变了对话的性质，变成了人身攻击，会令对方受到伤害。

在与孩子沟通过程中，要以友好的态度来获得孩子的信任，让他们愿意与家长沟通。比如，"孩子，有什么开心的事情要记得跟我分享哦，我会为你高兴的""有什么心事跟爸爸说说，别忘了我们可是朋友"。相比于成年人，孩子的心灵更脆弱，切不可说出**负面的定义性话语**。比如，"你就是烂泥扶不上墙""看你那没出息的样子"，这样的话是大忌。虽然作为家长，有时候**恨铁不成钢**，但这种口不择言的定义性语言会让孩子觉得自己真的不行，变得自暴自弃。

适度的仪式感能助你表达尊重

生活中，我们常听到一句话："都是一家人，可别来这虚的了……"在家庭中仪式感到底有没有必要呢？答案是很有必要。**仪式感相当于一种规矩**，也是一种礼节，其实可以理解为，什么样的情境以什么样的方式对待。在必要的时候保持适度的仪式感能表明一种态度——对这件事、对这个时刻很重视。最常见的，婚礼就是仪式感的一种表现，是对两个人爱情

的尊重，也是对未来美好生活的向往与誓言，**仪式感可简可繁**，但不能免除，因为免除就意味着缺失。

在家庭中同样如此。比如，家庭成员过生日，或者夫妻二人的结婚纪念日……作为家长，作为孩子，作为另一半，这时是有必要协同其他家庭成员进行"仪式"的。这样，家庭成员会感受到你的爱，也会感受到一份尊重，对于一家人来说，这个日子是被记得的，是有仪式感的，是没有被忽略的。而作为这一天的主人公，应该对于大家的精心准备欣然接受并表示感谢，切不可觉得没劲、麻烦，等等。只要"仪式"有度即可，不造成不必要的浪费，不带来过度的疲累，大家开心，感受到被关爱就好。

夫妻之间，别吝惜赞美和鼓励

一起生活久了，会习惯对方，会依赖对方，但也难免心生**烦腻之感**，这也是人之常情。回想一下恋爱时的感觉，他的玉树临风，她的美丽温柔，不要忘记给对方赞美。"亲爱的，你今天真漂亮""我的先生风度不减当年嘛"，这样的赞美会使对方知道他（她）在你心中的地位，会使对方有好的心情，也会驱动对方做更好的自己，形成一个**良性循环**。

那么在事业上呢，双方应该花一些时间去了解对方的工作内容。在对方有困难的时候，力所能及地**给予帮助**。而相对于帮助，鼓励也是同等重要的。在你的爱人事业上遇到困难的时候，他（她）可能会心急如焚，这时应该鼓励对方，帮助对方调整状态走出困境。而不能贬低、打击对方，会使对方觉得在困境中被遗弃，这不是爱人之间应有的状态。

当面教子与背后教妻，精华还是糟粕

当面教子背后教妻，这句话是精华还是糟粕？背后教妻，是因为妻子的面子与丈夫是同在的，在外人面前斥责妻子，妻子没面子，丈夫也会跟着没面子。当面教子，是说小孩子本来就是应该教育的，在外人面前教育孩子也不用给孩子留面子，这不丢人。其实这个道理是对的，但放在现代社会，就有其**糟粕的成分**了。

因为，妻子不是丈夫的**附属品**，孩子也不是家长的附属品。为什么很多女士在婚姻出现问题之后，非常具有普遍性的一句话——他不在乎我的感受，这也许就是因为封建观念导致的。当今，夫妻二人的沟通应该是双向的，并不是一方教另一方的从属关系。无论人前人后，夫妻二人都应该**互相尊重**。

为什么孩子总容易与父母出现芥蒂？是不是因为过于重视家长的威严，忽略了孩子的感受，忽视了孩子的人格独立性呢？在与孩子的沟通中，我们也不应以陈旧为指导。孩子是有**独立人格**的，我们应该以平等为前提与孩子沟通，孩子也有他们自己的脸面，不能动辄打骂，这样孩子才乐意与我们沟通，才不会事事隐瞒。而建立了**沟通的桥梁**，我们才能及时了解到孩子的各种思想动态，必要时进行指导与帮助。

朋友沟通有分寸，
别让口无遮拦害了你

亲情、友情、爱情，人类的三种基本感情，友情居其一，可见朋友的重要性。朋友多了路好走，多个朋友多条路。一个人有朋友是幸运的事情，有真正的好朋友更是三生有幸，也从一定程度上说明你是一个被人认可的人。无论从事务角度还是感情角度，朋友都是宝贵的财富，我们应该珍惜与朋友的情谊。跟朋友相处，是一种学问，与朋友沟通要**有分寸**，要注意说话的技巧。

心直口快的另一面就是没眼力见儿

有些人自我标榜"心直口快"，这是一个褒义词，这种性格自有其优点。殊不知，优点也会变成缺点，而心直口快的说话方式也不是每个人都

能够接受的。即使你心直口快，也要有度。比如，朋友信任你，将自己的事情说给你听，是希望得到你的安慰，而不是想要你**品头论足**，这时你心直口快地发表自己的看法，并且指指点点，是不明智的。这样会令朋友更加不知所措，或者觉得你不理解他而大为恼火。

还有些时候，朋友将私事讲给你听是想解解压，并希望你能保守秘密。设想一下，你在有其他人在场的时候将事情说出来，朋友使眼色要你停下来，而你却秉持着所谓的心直口快，说："这有什么好隐瞒的，有什么不能说的？"这种心直口快就叫作**没眼力见儿**，而且也是不尊重朋友的一种表现。

别让你的刀子嘴戳烂了你的豆腐心

刀子嘴豆腐心，是指一个人虽然说话很凌利，但内心柔软善良，往往还会给予朋友实际帮助。不可否认，现实中确实有很多这样的人。不过，我

们也要知道，不是所有人都有耐心去深挖你内心的善良。人是有情绪的动物，很多时候，你的刀子嘴会戳烂你的豆腐心。几句凌厉的话语，足以毁掉朋友之间的情谊。朋友被你口不择言的话语伤害到了，很可能就会忽略你柔软的"豆腐心"。老朋友还好，已经互相深入了解，那如果是新朋友呢？对方会失去继续与你交朋友的想法吧。我们应该认清这样一种现实——说话难听、嘴巴臭本来就是令人讨厌的，这是**涵养问题**，甚至与是不是豆腐心无关。

爆料糗事并不好玩

现代人越来越在意**私人空间**，对于个人隐私也变得越来越敏感。每个人都有自己的隐私和不想说出来的事情，即使是关系非常好的朋友。要**尊重朋友的隐私**，即使爆料，也要有度。如果是一些无伤大雅的事情，爆料一下能够活跃气氛，这样还好。如果讲出来会对朋友造成伤害，那切不可乱讲。

比如，朋友的私人信息、经济状况等不应该透露给其他人，更别说爆料了，因为这些信息关乎朋友各方面的安全，作为朋友，**更有义务保密**。对于朋友的感情经历和当下的感情状况也不应该随意爆料，这是很私密的事情，如果带着一副八卦的嘴脸去爆料，那么其人的素质也可见一斑。每个人对于隐私在意的点是不同的，你自己觉得无所谓的事情，也许朋友却很在意，并不想透露给别人，所以不应该以己度人，自作主张地**胡乱爆料**。比如，很多女性的年龄、体重、私生活都是她们很在意的隐私，在相处时就要注意，不要口无遮拦。另外，让朋友很丢面子的事情，就不要爆料了，以朋友的糗事当笑料会使朋友很尴尬，也会使朋友觉得你充满了恶意。

爱屋及乌很必要

作为朋友，你们可能无话不谈，惺惺相惜。那么你是不是会爱屋及乌呢？其实爱屋及乌很必要。这是要我们很爱朋友的每个家人吗？很显然，这是不可能的，也是不现实的。

虽然做不到情感上的"深爱"，但一定要做到尊重朋友的社会关系。因为，朋友爱的人，对他很重要，从某种角度来讲，我们也是朋友爱的人，所以，我们应该尊重他们，这也是对朋友的尊重。怎样做到尊重呢？这种尊重不一定是热情的促膝长谈或者故作亲密，只要保持必要的礼貌，不超越边界就可以了。

在与朋友的家人或朋友相处时，要把握好度，最好不要参与他们的事情或随意发表意见。虽然有一种说法，"朋友的朋友就是我的朋友"，但在现实中这可能只是一种客套话，不宜过于当真。口无遮拦容易引起别人的不适与反感，即使没有不适感也会给人留下"太不拿自己当外人"的印象。如果出现不快，你的朋友夹在中间也会很尴尬。每个家庭的环境、习惯、氛围都不一样，尤其不宜对朋友的家人、家庭、朋友随意品头论足，更不能出言不逊，比如"我就看不惯你家的某某"一类的话语。这样的评论和看法，会让朋友没办法接话，也不知该如何与你继续相处，久而久之容易产生隔阂。

如果你到朋友家做客，也要学会入乡随俗、客随主便，切不可以自我为中心，指手画脚说人家这不合理那不妥当。另外，对于朋友的社会关系，尊重即可，不宜过度热情，如果使朋友觉得你在他们之间加塞、喧宾夺主，那你们之间的友情也会受到影响甚至疏离。

不要轻易"逗你玩"

人无信不立，与朋友交往要言而有信。

当与朋友有约的时候，一定要按时赴约。当然，在这个忙碌的社会中，总会有一些意料不到的事情让计划赶不上变化，这时一定要提前与朋友沟通并表示歉意，千万不能带着"我有事，去不了，你等着，你活该""不就是让你等了一小会儿嘛"这样的态度对待朋友。有意外情况不怕，但要让朋友

感觉到你足够尊重他们，使朋友知道你是因为意外情况不能赴约，而不是因为不重视他们而故意不到场，这样才更容易获得谅解。

当朋友有困难与你沟通寻求帮助的时候，最可怕的不是你爱莫能助，而是明明帮不了却信口开河。你可能是因为逞口舌之快而说大话，也可能是答应给予帮助，过后想想又不愿意自损气血……无论你的信口开河、言而无信是出于什么原因，都是不可取的。你不负责任的话语，给了朋友承诺，最后又不能兑现，不但没有帮助朋友，还可能耽误了处理事情的时机，最后成了"逗你玩"。"逗你玩"的次数多了，就会造成《狼来了》那个故事中的后果，你讲什么朋友都不会再相信，即使你说的是真话，朋友也会觉得你在逗他玩，这样，朋友还是朋友吗？而且，如果这种形象在朋友间扩散传播，其影响就不止于一两个人了，很可能你会变得越来越没朋友，越来越没有信誉。

我们不可能在任何方面都能帮到朋友，也不可能答应朋友的所有要求，但我们至少能做到——如果不能兑现就不要满口应承。如果总是失信于人，友谊也会随之而逝。

第二章

亲疏有度，与人交往要有边界感

人的社会关系复杂多样，从亲朋好友到甜蜜爱人，再到同学、同事，都需要我们去维系和面对。在这所有的关系之中，我们都需要把握边界感，包括最亲密的人。把握边界感并不是因为生分，相反，是为了防止没有边界而造成关系的融合，以致最终疏离。因为每个人都是独立的个体，没有边界的相处反而容易导致双方关系的疏离甚至分崩离析。

把握与人交往的边界，
冒犯也许在无意之间

人是群居动物，具有社会性，人与人需要交往，同时每个人又是独立的个体，所以人与人的交往要有度，要有边界感。如果没有**边界感**，对方感受到的不一定是你的热情和关怀，反而会觉得你侵入了他人的边界。这样不仅会招人厌恶，还容易被人不当回事。

有边界感的"社牛"才是合格的"社牛"

有一个网络词语叫作"**社牛**"，指的是那些善于与人交往、沟通的人。对于不熟悉的环境和不熟悉的人，他们能够非常自然地融入，并且很快使对方愿意与他们交谈。既然称之为"社牛"，他们自有过人之处，但"社牛"也分级别。有边界感的"社牛"才是合格的"社牛"，有些所谓"社牛"或许可以称为"伪社牛"。因为作为一个合格的"社牛"，绝非只是健谈。如果只是健谈或者耍贫嘴，遇见段位比较高的人往往就不奏效了。

对于新接触到的人，在交往过程中，**循序渐进**是比较好的方式。如果过于主动，容易被对方误解你有所图谋，也有可能让对方觉得你轻浮。基于此，如果你想做一个合格的"社牛"，就更要学会保持必要的边界感，通过短暂的交谈能够迅速抓住一个**契合点**，引发对方与你继续交流的欲望。在交往中，我们应该保持自身的节奏，保持必要的礼貌，可以表示你的友好，但没必要牵强附会。"社牛"能够成功交流的关键并不在于大谈特谈，而在于**迅速直击对方内心**，让对方觉得你们在观点、爱好等方面有共同点，切不可刚刚接触就大谈感情，这就偏离了主题。什么兄弟感情、朋友感情，这只会让对方觉得你很虚伪，即使交往下去，也是泛泛之交。

贸然闯入惹人厌

与他人交往中，不宜贸然闯入。每个人都有自己的习惯，尤其有些是一种固有的习惯。无论是从情感、朋友圈子等精神层面还是从居所等现实层面，这种习惯都类似于"领地"的概念。**贸然闯入他人领地**，相当于打破了对方的习惯，让人产生不适感，觉得你唐突、冒昧。第一印象非常重要，如果贸然闯入，对方对你本身产生怀疑，再想继续交往就很难了。

如果没有收到邀请，不宜突然造访，突然造访容易使对方措手不及，也容易带来尴尬。如果想拜访朋友，一定要提前打招呼，在获得对方的肯定回答之后再到访。在对方的居所，也不宜过于把自己不当外人。

在个人交往、融入圈子方面，应该在**保持边界感**的前提下慢慢融入，不宜强行入侵，这样只会被挤出来。在交往中，也不宜过高地评估自己在对方心中的位置，失去边界感会变得可笑而无价值。

以温和的方式为开端进行交往

以温和的方式为开端进行交往。何谓温和？就是不卑不亢、不偏不倚。既不过于激进也不表现冷漠，而是**温和有礼**，不吓到对方，也不冷落对方。在人与人的交往中，从认识、互相了解到深入交往或各走各路，需要一个过程，也是一种选择。有句话说，**圈子不同别硬融**，这是有道理的。也就是说，无须抱着必须与某人交往的态度去与人相处。我们经常说，"某人为人很好""某人处世可不怎么样"，那么，你选择和哪个人交往不言自明。长久的交往基于相互之间的认同感，其中的聚拢力源于人格魅力，而不是单纯的话语。所以，**不断提升自我**，加强修养，才是最重要的。

　　说得直白一些，交往初期就是一种探索，可以用真诚的话语与对方进行沟通，比如聊一聊爱好、聊一聊特长，只要你自身没问题，友情往往自然到来。根本没必要聊几句就敞开心扉把自身的所有都讲出来，好像恨不得立刻与对方磕头拜把子，**交浅言深**，别人不会觉得你坦诚，反而会觉得你很不高级。

不可一世的态度不可取

　　礼貌在任何时候都是必要的。虽然我们讲**与人交往有边界**，但这指的是一种度，而不是不可一世的态度，这是完全不同的两个概念。我们在交往中保持边界感，但要避免给人留下**目中无人**的印象，以谦逊温和彬彬有礼为宜。不可一世之感表现在话语中，也表现在举止中，甚至表现在不合时宜的衣着中。

　　比如在与人对话的时候语气冷淡，板起面孔，眼睛瞟向别处而不正视对方，讲话有一搭无一搭，爱搭不理……这样的行为举止容易被人认为是目中无人。而在话语中，有些人习惯性地"哼""我不屑跟你说""说了你也不懂"，类似的话还有很多，这样的话也会让人很不舒服，觉得你表现得高高在上。当大家在一起热闹地聊天时，你却露出鄙夷的眼神在一旁不说话，那么大家也不会愿意理你的。在出席正式场合的时候，大家都穿正装，你却穿着运动服，还一副怎么舒服怎么穿，我想怎么穿就怎么穿的态度，这就会给人造成一种轻慢、不重视的感觉。

　　不可一世的态度会使大家不愿意接近你，觉得你不尊重人，如果这样，你在事业和生活的路上也会越来越难走。

职场交往有边界，
不是所有人都能推心置腹

职场环境较为复杂，讲求**优胜劣汰**，要想在职场上顺风顺水，不但需要较强的工作能力，还需要较高的情商，也就是职场交往的智慧。职场上，同事之间存在着竞争关系，同时，又需要合作。如何在竞争与合作之间找到一个平衡点，把握好职场中交往的边界就显得尤为重要。

好同事 ≠ 好朋友

职场上，总会有幸遇见一些好同事，他们能力强，人也好，与你配合默契，会为同伴考虑……但绝不可混淆好同事和好朋友的概念。我们必须认清，职场上有好同事，但好同事不等同于好朋友。俗话说，害人之心不可有，防人之心不可无。这次你们是配合默契的伙伴，下次可能就是竞争对手。

在职场中，不可轻易地**推心置腹**，因为你与同事的一切默契都源于工作，并非源于朋友情义。与同事沟通交流，说话讲三分留七分就可以了，其余视情况而定。轻易推心置腹，很容易会被人"摆一道儿"。如果同事问你一些你所在部门，或你的职务所特有的信息，你可以用恰当的方式来回避，比如"这么重要的事情，上级怎么会告诉我呢"之类的话。大部分公司采用**密薪制**，如果有同事问你的薪酬多少，你可以用诙谐的方式避免回答，比如"我的薪酬肯定没你的高啊"之类的话，这样，如果同事再想

继续刺探，他就得先说出他的薪酬了。以类似的话语应对这种情况，既不会泄露信息，又避免了尴尬，还不会得罪人。

边界是双向的，亮出你的界限

边界是双向的，我们不应该越过别人的边界，同时也要亮出自己的边界。边界从某种程度来说也是一种底线，我们亮出自己的边界就是传递一种信息——我的边界在这里，我不希望你踏入。如果你的同事是有边界的人，那么他们就不会越过你的边界，相当于大家互相避掉了彼此的雷区，这样就避免了尴尬和不快。无论是工作的配合还是同事的相处，都是有益无害的。如果不亮出自己的界限，往好的方向说是大家觉得你**随和**，事实上更大的可能是，大家觉得你软弱可欺，怎么着都行，也就不会重视你。

学会不露声色

　　矛盾本就无处不在，职场中，出现矛盾更是很正常的。在遇到矛盾或者这样那样的意外情况时，要能沉得住气，不要表现过激，盲目地狂怒和暴躁是无用的，不但解决不了问题，还会使你暴露自身弱点，自乱阵脚，甚至被扣上不文明、没素质的帽子。

　　比如，有同事在背后说你的坏话，你情绪激动，将他大骂一通。这个时候，不明就里的其他同事，会主动或被动抛开别人说你坏话的事实本身，反而会觉得你暴躁易怒，对你敬而远之。

　　遇到类似情况时，要学会不露声色、冷静判断、理智分析，有理有据地**将问题论述清楚**，让对手或别有用心者无机可乘。只有这样，才能让自己处于更加有利的位置，同时也保护好自己的形象，让自己的职场生活更加顺利。最终，能够以理性和冷静的态度来面对矛盾，才能赢得更多人的尊重和支持。

边界感是团队精神的绊脚石吗

边界感是团队精神的绊脚石吗？答案是否定的。边界感对每个人来说都很重要，保持边界感是对他人和自己的尊重，因为每个人都需要自己的空间。

在职场上与同事保持边界感，并不会制造敌对关系，反而会使关系更融洽。我们需要注意的是，在保持边界感的时候，要把握好度，避免**四处树敌**。有时候，我们会这样说一个人——挑理都挑不到合适的地方。一样的道理，与同事相处中，把握好度，我们在该计较的时候，要有理有据寸土不让，让大家知道你是有底线的，但这不是斤斤计较；在工作中，我们要磅礴大气，该大度就大度，能不计较就不计较，让大家感受到你的胸襟，这样利于团队合作。

亲密关系有边界，
亲密亦有间

亲密关系有多种，最奇妙的就是男人与女人之间的关系。或许是甜蜜的情侣，或许是幸福的夫妻，还可能是处于朦胧期的男女朋友。我们姑且统称为基于爱情的亲密关系。在这种亲密关系中，有些如胶似漆、缠绵悱恻，有些平淡轻柔，有些**相濡以沫**。但是，我相信大多数朋友都经历过，前一秒还甜言蜜语你侬我侬，下一秒就吵得地覆天翻，还有的一转身就是一生，更有甚者积怨多年……其实，亲密关系也要有边界，互相给对方一些私人空间会更加有利于感情的持久。

私人空间具有修复作用

比如女性，当你的爱人忙于其他事情的时候，肯定陪你的时间就少了。不要把他的事情当作你的"情敌"，可以多跟他聊聊天，多了解他的工作，多参与他的爱好，试着把这些事情变成你们两个人的事。他会觉得你更懂他，反过来，他也会以这样的方式来对待你。如果他在做自己事情的时候不喜欢被打扰，那就**尊重他的习**惯，你也可以专心去做自己的事情。

还有些时候，你的爱人说很忙，但你又没看见他在忙什么。这种情况，可能他是想静静，那你就不要追问"静静"是谁。也许他的状态不好，也可能他有些疲累……作为爱人，你给予关心就够了，给他一些私人

空间。如果他是一个善于沟通的人，他也可能会比较直接地告诉你"亲爱的，我想一个人待一段时间"。这时，更要给他空间，尊重他的方式与选择，千万不要抛出"你是不是不爱我了""我跟你待在一起妨碍你了"等**灵魂拷问**，甚至是把对方的朋友、家人打扰遍，这些行为更是不可取。

　　每个人都需要私人空间，即便最亲密的关系也是如此。私人空间是具有修复作用的。在生活中，总是会产生一些"垃圾文件"，而私人空间对这些"垃圾"具有放空功能。给你的爱人一些私人空间的同时，你也可以尝试发挥一下**私人空间的修复作用**。

了解洞穴机制

　　"洞穴"这一概念由美国心理学博士约翰·格雷提出，定义大致为：一个可以不受他人影响进行自我对话的地方。

　　洞穴机制在男性和女性中都有，但男性多于女性。处于婚姻和情感中的男女，应该了解洞穴机制。比较常见的洞穴机制的变现，就是女同胞们经常吐槽的"老公总是没完没了地去卫生间，而且每次都好长时间……"其实，也许男士们并不是在上厕所，而是开启了"洞穴机制"，想找到一个独立的空间，自己独处一下。洞穴机制，其实是**私人空间的深化**。当开启这一机制之后，是自我修复的时间与空间，这时是不希望被打扰的。经过这一过程后他会满血复活，如果强行介入会适得其反。作为爱人，你应该成全他的**独处需求**，只要按时对他进行投喂，让他感受到你的关心就足够了。

有自己的事业，不要围着他转

再亲密的关系也不要围着他转，这样反而会越来越**无话可说**。无论男人还是女人，都应该有自己的一份事业，事业不分大小，但尽量做到能够经济独立。在工作的过程中，你的知识、见识都会随之增长，你们会有更多的话题。对方看到你变得更好，也会为你感到高兴。

在工作之余，发展一些**个人爱好**是不错的选择。生活的琐碎，往往会

使人冷落了曾经热爱的事情。可以回想一下青春时代自己喜欢的事情，如果仍然喜欢，那么重新拾起爱好是一件令人高兴的事。这会使你的心态更年轻，也会扩展你的朋友圈子，可以尝试多接触一些新鲜的事物，说不定就能发现更适合自己的选择。个人爱好是必要的，它能让你充满活力，更加热爱生活，也会让你在事业、家庭生活之外**有事可做**，有内容与另一半分享。

无边界，甜蜜变烦腻

夫妻关系也许是世间最亲密的关系，但同样要保持**适度的边界感**。无边界感，曾经的甜蜜可能就会变成烦腻，而保持边界感会使两个人充满新鲜感，"小别胜新婚"正是这样的道理。

恋爱或结婚之前，男女双方都是在按自己的方式生活，各自有各自的习惯。这些习惯并不会在恋爱或者结婚后就消失不见，两个人既是亲密整体又是独立个体，这并不矛盾。给对方一定的空间，给对方一些**适度的自由**，是完全有必要的。如果对方需要一些自由，那就成全他。就像放风筝一样，他去飞翔的时候，你知道你们之间有一条线，线轴在你的手中，在适当的时候放线、收线就好。切不可把对方当成不会断线的风筝，全凭自己的情绪生拉硬扯，这样会有断线的危险，风筝也收不回来了。

亲子关系有边界，
独立人格很重要

　　爱自己的后代，这是人的天性。中国有句话，"过日子就是过孩子"，讲出了中国父母对待孩子的观念与现实情况。我们觉得对孩子付出再多也不为过，毕竟孩子是我们血脉的延续，是**未来和希望**。父母疼爱孩子，隔辈亲更是疼得没边。给孩子再多的爱也无可厚非，这是人之常情，但如何与孩子相处，以怎样的方式教育孩子就是另一码事了。亲子关系也要有边界感，**过度干涉不利于孩子成长**。

家长与孩子都是独立的个体

　　俗话说，孩子是妈妈身上掉下来的肉，但要知道，从孩子脱离母体的那一刻，他就成了独立的个体。孩子是具有独立人格的，不能因为家长生养了孩子，就过度强调家长威严，把孩子视为自己的**附属品**，而忽视孩子的独立人格。尤其是孩子慢慢长大，自我意识越来越强，更要注意与孩子的沟通方式，**保持边界感**是很必要的。边界感并不代表着隔阂，也不是感情的生分。适度的边界感，有利于孩子养成独立人格，而具有独立人格是孩子长大后能在社会中立足的必要前提。有些时候有些事，孩子不想让家长参与，家长也没必要参与，放手就好。

　　反过来，对于家长，不应该整天围着孩子转。为人父母者也需要与孩子**建立边界**，要有自己的生活，有自己继续学习的时间。如果无限制地围着孩子转，就会失去自我，这比没有自己的时间更为可怕。而失去边界感、失去自我的父母，并不会给孩子带来良好的影响，反而会形成**恶性循环**。其结果是两方面的：一方面孩子可能会畏畏缩缩没有主见，另一种就是孩子叛逆，你围着他，他嫌你烦。

孩子终究会展翅翱翔

相信每一位为人父母者都希望孩子能有更广阔的天空去实现自己的人生价值。但在面临实际问题的时候，总是放不开，而放不开的根本原因是**舍不得**。舍不得让孩子独处、舍不得孩子吃苦……

随着孩子的长大，父母也会慢慢变老。讲到这个话题，难免伤感。其实，我们换个角度来看待这件事就会释然。我们对孩子的爱没有减少一分，不是我们会离开孩子，而是孩子去展翅翱翔。父母的爱是伟大的、无私的，表达爱也是必要的，让孩子知道你爱他，会让孩子很有**幸福感**。但

需要注意的是，过于沉重的感情并不适合孩子乃至于年轻人。孩子是轻盈的，父母也应该以一种更加豁达的方式来表达爱，这样父母安心、孩子舒心。设置边界，让孩子尽早有独立生活的意识，让孩子知道你爱他，但更要知道，他总会有**独立生活**的时候。

过度干涉会使孩子不知所措

孩子成长的过程就是一个不断犯错**不断修正的过程**。要允许孩子犯错，要鼓励孩子尝试。当孩子经过尝试，发现这条路走不通时，就会通过思考选择另一条路，通过亲身经历积累的经验总是比说教更具有教育性。过度干涉会使孩子**不知所措**。

当孩子学走路时，你说"别走，小心摔倒"；当孩子自己吃饭时，你说"妈妈喂，要不然全弄在衣服上了"；当孩子踢球时，你说"可别踢足球，万一被球打到脸怎么办"，那么孩子接收到的信息整合起来就是"这也不能做那也不能做"。长此以往，孩子就不知道还能做什么，也就错过了学习各种技能的**机会和可能性**。

那么，完全不管可以吗？显然，完全不管会走向另一个极端。孩子是需要教育的，我们应该对孩子进行正确引导，并在必要的时候予以帮助。比如，孩子想学习某种技能的时候，你首先应该感到欣慰，因为这是孩子**自发探索新事物**的表现。这时我们应该鼓励孩子，然后教给孩子正确的方法与技巧，在他们容易做错的地方及时指正。这样，孩子会不断学习新的技能，并且越来越喜欢尝试新的活动。

授之以鱼不如授之以渔

很多家长放不开手，恨不能扯着孩子的耳朵告诉他们"走路会摔跤，吃饭会噎着"。很明显，这是**边界感缺失**，是过度的干涉，实质上是一

种剥夺。我们的义务是教育孩子而不是阻止孩子。确实，生活中有很多危险，比如，变压器、深水池塘……我们应该严令禁止孩子靠近。

那如果是孩子要学习的技能有危险性该怎么办呢？吓唬孩子不如教会他避险，授之以鱼不如授之以渔。我们应提前跟孩子讲清楚其中有何危险性以及如何**避开危险**，必要的时候进行示范，这样，孩子也会慢慢形成避险意识。孩子总要独立生活、步入社会，他们应该学会在做事的过程中避免危险，而不是因为有潜在危险就止步不前。

另外，不要怕孩子做不好，做不好是很正常的，要给孩子失败的机会。**失败乃成功之母**，遵循学习技能的规律，即便搞得一塌糊涂，也是孩子的一种经历，也是积累经验的一种途径。

朋友关系有边界，
过度关心就是打扰

在你有困难的时候，朋友帮你一把，就像是**雪中送炭**，在你辉煌的时候，有朋友分享你的成功也是一件幸福的事情。当你生病的时候，一句来自朋友的关心，是多么暖人心怀。朋友，不同于亲情、爱情，长久的相处，使你在朋友面前不必像对父母一样恭敬，不必像对爱人一样小心翼翼，从而达到一种放松的状态。所以有些烦恼我们总会**找朋友倾诉**，因为从某种角度，朋友甚至比父母和爱人更了解你。朋友是一个泛指的词语，因为朋友也分很多种，朋友关系要有边界，即使再好的朋友也是这样。

波峰波谷论，小心断崖式下跌

在与朋友的相处中要注意**波峰波谷论**。比如，十几年没见的老同学聚会，见了面大家仿佛回到了同学时代，回忆过去，畅聊未来，都很珍惜彼此的情谊。但是，当热烈的畅聊、畅饮、玩闹之后，你是不是有一种不知道再说什么的感觉？

有时候会有这样的经历，你与某一位朋友十分要好，形影不离，仿佛有说不完的话，做什么都拉上对方一起，然而不知从何时开始，你发现你们好久都没在一起聊天了。两个人并无矛盾，也不是因为繁忙，见面依然熟悉依然友好，这是什么原因呢？

这就是波峰波谷现象。在与朋友的相处中也是这样，真诚对待朋友当

然是应该的，但也要注意，不要太满，把握好边界感，因为盛极而衰是一种规律。**君子之交淡如水**，这样才能细水长流。

过度关心惹人厌，保姆式朋友不可取

　　朋友之间的关心以**适度为宜**，要把握好边界感。若使朋友产生你像班主任一样磨磨唧唧的感觉就比较尴尬了。要知道，成年人各自有各自的事情，大家在一起热闹之后，也需要一个独处的空间。

　　关心朋友也要分**时间和情境**。比如，朋友生病了，而身边又没有人照顾，这时你就要适时地关心照顾朋友，朋友也会感受到友情的温暖，不会觉得自己孤立无援无依无靠。

　　而有些时候，跟朋友临时分开了，你出于关心非要追问朋友去哪里。也许你的朋友真的有要去的地方，也许他没有要去的地方，只是想一个人随便走走。这时，你还不自知地怕朋友孤单，突然改变想法执意陪着朋友，这就会令人很无奈。因为拒绝你的好意吧，觉得盛情难却，不拒绝你的好意又没有了**独处的时间**。

人性使然，从来没有亲密无间

人是独立的个体，对自我空间的需求以及对自己隐私的保护，是人的天性。朋友之间，亲密固然是好事，但最好的亲密并不是**亲密无间**，而是亲密而有间。这个"有间"正是你与对方都需要的自我空间。打破对方的自我空间与打破自己的自我空间，都是不可取的。

俗话形容关系亲密："两个人好得像一个人似的"，这也只是一种形容，是不可能实现的。再亲密，也要尊重对方的私人空间，否则会变得无法相处。当不想为人所知的隐私暴露在朋友面前时，见面是不是会很尴尬

呢？是不是没办法面对，没办法相处？要**尊重朋友的隐私**，不能因为关系好就想对朋友的事情一清二楚。朋友不想说的事情，自有他们不说的理由，不宜把"咱俩啥关系，你都不告诉我"这样的话挂在嘴边，要知道，这是一种情感绑架，并不是真正出自对朋友的关心，而是出于自己**好奇心**的满足。

说到底，关系亲密而保持"**有间**"，既是对朋友的尊重，也是对自身的尊重，是友谊长存的必要前提。

再亲密的朋友也不要事事参与

与朋友的亲密度不同，对朋友事情的参与度也随之不同，但关系再亲密的朋友也**不要事事参与**。因为，毕竟作为朋友的身份，有些事情是不适于参与的。

比如，朋友的家事，不要随意参与，也不要乱发表意见，因为这不叫参与，而叫瞎掺和。俗话说清官难断家务事，如果朋友与家人发生矛盾，我们应该做的是疏导、安慰、劝解，而不是参与到事情当中去。这时，你应该**明确边界**，你是他的朋友，不是他的家人，要把握好度。如果随意评论判断，"这件事是你不对，那件事是他不对"，搞不好会被朋友的家人讨厌，朋友也不好与你相处下去了。

另外，当朋友问你一件事情该如何选择的时候，其实他自己已经做出了选择，问你，是想得到你的**理解、鼓励与肯定**。你也要听话听音，不要只听字面意思。我们要认识到，朋友是成年人，有他们自己的想法，你可以给予发自内心的建议，但绝不可强行扭转对方的想法。

君子之交淡如水，小人之交甘若醴

"君子之交淡如水，小人之交甘若醴"，这句话是说，君子之间的交往**像水一样淡**，而小人之间的交往像甜酒一样甜。为什么说君子之交像水

一样淡呢？是因为君子之间的情义不够深厚吗？显然不是。君子之间的交往，是不勉强对方，不苛求对方，更不是每天腻在一起，这样更自然、更真实，所以像水一样淡。而小人之交像甜酒一样甜，可能在交往之间存在很多其他的因素，比如利益，或者是酒肉朋友这样的关系。

当今社会越来越**多元化**，人也越来越多元化。对于小人之交甘若醴，我们没有必要对号入座，以某一句话作为定理来与朋友相处也是不切实际的。因为跟不同的朋友以适合的方式交往，才能让大家相聚皆欢颜。但通过这句古语，我们应该明白一个道理——浓重的不一定就是好的，淡然的不一定就是坏的，因为淡然往往**更接近真实**，在与朋友的相处中，灵活变通，把握好度才是最重要的。

对难相处的人设置边界，
坚持自我原则

在我们身边，总有一些不好相处的人，有的特立独行，有的高傲冷漠，有的吹毛求疵，还有的爱挑理儿……更有甚者动辄翻脸破口大骂。这些不好相处的人不一定就是坏人，但有时候确实让你如芒在背，有时一个眼神都会让你浑身发冷。因为工作或事务或其他种种原因，我们又不得不与这些人相处，但要注意设置边界。这种不好相处的人，往往有一套极其顽固的**自我价值体系**，而且具有很大的不稳定性。如果不设置好恰当的边界，好的时候看似风平浪静，不知什么时候他们就会出个么蛾子让你措手不及。虽然我们宜保持一颗善良的心，但是对于那些不好相处、以自我为中心的人，善良要带点锋芒，他太过分了不妨提醒一下，以免他们得寸进尺。

坚持自我原则，避免冲突

　　不好相处的人往往有一个共同的特点，就是容易**钻牛角尖儿**。他们经常会要求你必须按他们的逻辑来进行，但他们的逻辑往往是一套存在于自我世界中的逻辑，并不合理。这时该怎么办？我们并不能因为他们不好相处就放弃沟通，又不能按他们的逻辑来做事。这时尤其需要**设置边界**，无须多言，讲清楚为什么不能按他的逻辑来做，讲清你的底线，并表明底线不可突破。也就是要传达这样一种信息——我无意冒犯你，但我也不会听你的。与此同时，要避免争吵。还有一些不好相处的人，他们只是性格孤僻，不喜欢与人交流，想法也跟大家不一样而已，其实这也没什么，就如同前面讲的，坚持自我的原则就行，划清界限。人在江湖，尽可能避免与他人发生正面冲突，即便再难相处的人也要留几分薄面，不要把人际关系弄僵，这才是处世之道。

别吝惜你的善意，但不要刻意

前面讲到，不好相处的人不一定是坏人，所以，别吝惜你的善意，但其边界就是**不要刻意**。表达你的善意，可能会对你们的相处带来积极作用，毕竟大多数人即便是不好相处的人也是喜欢被善意对待的。表达善意，相当于传递一种信息——我是想与你好好相处的，这样，不好相处的人也许会有所收敛。而有些不好相处的人只是**性格孤僻、内向**，不排除你的善意打动他的可能性。还有一种人，你对他表达善意，他不但感受不到，还表现出一副"总有刁民想害朕"的样子。他有可能觉得你是想接近他以达到某种目的，或者是要坑害他。与这种人共事，既不孤立，也不靠近，保持不远不近，正常沟通就好。

此外，有些人习惯以自我为中心，觉得大家都该让着他们，甚至会做一些损人利己的事情，恨不能把所有的好处都一人独占。对这种人要避免过多接触。

- 这是我老家产的苹果，这次回家正好带了一些，给你尝尝，不用客气。
- 噢！谢谢。
- 无事献殷勤，非奸即盗。准是有事求我，想找我帮忙。

强行合拍没必要

真正的合拍源自相处双方的默契度，这取决于诸多因素，比如**性格、学识、观念**等。

对于不好相处的人，**没必要强行合拍**，因为无论在性格、习惯、认知等各个方面，你们都是合不到一起的。在这种情况下，强行合拍也是合不上的，还会把自己搞得很难受。强行合拍，就意味着其中的一方做出改变，打破自身节奏，或者两方各退一步。既然说的是不好相处的人，那么他打破自身节奏的概率几乎为零，只有你单方面改变。你做出牺牲，改变做事方式，改变**自身节奏**，换得一时表面上的合拍，对方还不领情，觉得应当应分。时间久了，合拍不成，还落得自己身心俱疲、满腹怨气，这样，影响工作、影响生活，得不偿失。

第三章

做事有度，凡事适可而止

我们都知道，要努力做事，才有可能把事情做好，才有可能获得成功。但要分清努力和用力的区别。用力不等于努力，因为方向不一定正确。做事并不是越用力越好，恰到好处才是比较有效的方法。做事有度，用对方法和力道才能事半功倍，反之就会事倍功半，还有可能使事物的发展状况急转直下。

举止有度，
有礼而恰到好处

我国被称为**礼仪之邦**，可见"礼"在我们的生活中是多么重要。俗话说"礼多人不怪"。无礼之人给人的印象是粗鲁的、不开化的。所以，我们的言行举止要有度，**要合乎礼的规范**。

在任何时候，礼貌都是必要的

礼乐之大以治国，礼乐之微以成人。由此可见，大到治国，小到做人，都不可无"礼"。**孔融让梨、程门立雪**等历史故事无不体现出我国悠

久的传统美德。往大处说，礼是礼制，往小了说，生活中礼最直接的表现就是礼貌。我们从小被家长教育，要懂礼貌，我们也这样教育下一代。从见到人要打招呼，晚辈见到长辈要有称呼，家中来客人端茶倒水，客人离开要送至门外，等等。**不学礼，无以立**。经常听到，某某家的孩子真有礼貌，眼神中满是赞许；某某家的孩子真是没教养，一脸嫌恶……

其实，讲礼貌并不需要长篇大论。比如我们遇见长辈，亲切地称呼一声，讲一句"您遛弯呢"？遇见同龄人，一句"你好"，这就是礼貌，这样就给人一种知礼懂礼的好感。

讲礼勿过度

有些人觉得讲究礼节虚伪又麻烦，是"装"，其实这种观点是不对的，因为礼是必要的。但是，由此也引出一个问题，那就是讲礼要有度。"礼"可以说是一种**规矩**，一种**社会规则**。什么时候该说什么话，什么时候该做什么事，说得通俗点就是"刚刚好"。例如，你到朋友家，朋

友自顾自躺在床上玩手机，不跟你打招呼，也不起身待客，你会不会觉得很尴尬很不舒服？是朋友没看见我来吗？还是他不欢迎我？我是不是打扰到他了？这时你是不是走也不是，不走也不是，有种手足无措的感觉？那么，朋友的这种行为就是不知礼。由此可见，不知礼会给人带来不适感。

那如果**过度讲礼**会不会带来负面的效果呢？答案是肯定的。在不合适的时间、不合适的关系中，过度讲礼同样会带来不适感。比如，在最亲近的家人之间，过度讲礼会使人觉得生分；在非常要好的朋友之间，过度讲礼会使人拘谨，会让人怀疑是不是哪个地方出现了问题；甜蜜夫妻之间过度讲礼，就会此消彼长，甜蜜消退，更多的会是相敬如宾。

知礼懂礼是对人的尊重。互相尊重，并非低眉顺眼卑躬屈膝。对别人有礼，并不是要低人一等，更不是奉承对方。礼节，既是一种规制，又是发自内心的认知。如果过度讲礼，就变成了献媚，如果虚假讲礼，就变成了伪善。

讲礼宜主动

古人讲究**非礼勿视、非礼勿听、非礼勿动**……在今天，这些礼仪同样适用。当一个人没眼力见儿的时候，是让人非常无奈的，直接说出来怕你尴尬，不说呢又跟你耗不起。

比如，异性朋友想换衣服，你应该不等他要求回避，就主动回避，不要等着人家不好意思说出口，你还没眼力见儿地坐着不动。当别人想说一些私密的悄悄话时，你应该主动离开，不要做碍事的人。更不能明知别人想私聊，你却说也想听听。当别人很疲累想要休息时，你却拉着人家秉烛夜谈，对方哈欠连天，你却自顾自地高谈阔论……总之，要学会在适当的时候转弯或回避，灵动一些。

你生完小孩后身材也没变化呀！

哪有！只是衣服不显胖！那边还有男同胞呢……下班再跟你说。

她们要聊些私密话题，我先回避一下。

讲礼也要与时俱进

我国是**礼仪之邦**，有很多古礼传承下来。对于古礼，我们不能丢弃，有义务将其传承下去。

但时代在进步，有些古礼过于烦琐，已不适应现代社会。所以，我们知礼懂礼也要学会**与时俱进**。简洁而高效的礼节也同样是有礼的表现，有时不必过于拘泥于形式。比如，朋友之间、同事之间，亲切地握手、拥抱，都是有礼的表现，也是表达友好之情的常用方法。在节奏如此之快的现代社会，三拜九叩、见人就作长揖，很显然是不合时宜的。现代社会，人们越来越追求效率，大家都在以一种快速灵活的方式来与人相处，这也就决定了大多数人都选择了**新式的礼仪**，这时如果还坚持过去的方式，必然成为显眼包，耽误事不说，搞不好还会成为笑话。

来而不往非礼也

中国人讲究礼尚往来，来而不往非礼也。当别人对你施礼，你也应该还礼。当今时代，不需要那么繁杂的礼节，但也要注意礼尚往来。**礼尚往来**表现在生活的各个方面。比如，在举行婚礼的时候，新郎新娘向对方父母改口叫爸妈之后，对方父母总要有所表示，这时候发红包就是一种回礼。当家有喜事，亲朋好友都表示祝福的时候，主人要宴请大家以作答谢，这也是一种**回礼**。

礼是对方对我们表示尊重，我们要做到**心中有数**，如果对方的礼变成单方面的，那就是我们失礼了，而如果习惯性地失礼，就有可能成为大家茶余饭后的谈资，说这个人、这个家庭有来无往，不知礼数，可能还会影响日后的交际。

热心有度，
不是所有的事情都能帮

　　每个人都需要别人的帮助，我们能给予别人帮助的时候应该伸出援手，这是**人性化**的体现，也是人与人之间情感的表现，这样会形成良性循环。当你遇到困难时，有人帮一把，也许就会走出困境。我们应该感激他人的帮助，也应该将助人之心发扬下去。但是，**不应热心过度**，不是所有的事情都能帮，也不是所有的事情都该帮。

"雪中送炭"与"锦上添花"

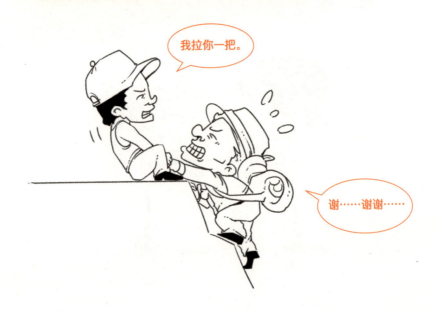

　　锦上添花不及雪中送炭，这几乎是尽人皆知的道理。当别人花团锦簇、前呼后拥的时候，你去锦上添花，体现不出你的情谊与重要性，因为在这个时候，别人正处于人生的高光时刻，不缺少帮忙的人，也不缺少祝愿的人。此时，作为朋友可以选择**淡然处之**。说得直白点，此时是多你一个不多，少你一个不少，因为你的付出不是他的刚需。而雪中送炭就不一样了，当一个人身处危难中，他是亟须帮助的，这时你出手相助，就显得难能可贵，对方也更会珍惜你的情谊。

违法违规不能帮

　　违法违规的事情不能帮。从法律的角度，帮助别人做违法违规的事情就会成为帮凶、从犯，这本来就是底线，是不可碰触的。从道德的角度，违法违规的事情不会是什么好事，如果我们帮助他人去做这些事，无异于助纣为虐。这样带来的后果，是朋友们会觉得你不是正经人，跟你接触会

有危险，会被拖下水，等等。如果有朋友急急火火地来寻求帮助，我们应该**弄清楚事情的原委**，再决定是否能够帮这个忙。如果是违法违规的事情

要你帮忙，我们不但不能对其进行帮助，还应该规劝他及早悬崖勒马，甚至远离这种不靠谱的朋友。

不知感恩不能帮

虽说乐于助人是一种美德，但我们也应该认识到一个现实——帮人是情分，不帮是本分。毕竟生活对大多数人来讲都是不容易的，当别人付出自己所创造的价值来拉你一把的时候，你是不是应该怀有**感恩之心**呢？不知感恩的人，不但不会感激你的情义，还觉得你应该应分。甚至还有些人，你帮了他一百次，有一次没帮他，他就跟你翻脸，这种人不能帮，并且有必要远离他们。并不是我们帮助别人要**图回报**，而是因为不知感恩的人就是俗话说的**白眼狼**，由小见大，这种人的人品也不会好到哪里去。他们只知索取不知付出，享受着你的帮助却还云淡风轻。跟这种人相处久了，对自身是一种**消耗**。

全靠帮助的人不能帮

给别人提供帮助的性质是**救急**，帮助他是为了使他摆脱困境，能够起身走得更好，而不是为了供养他。正所谓救急不救穷，如果一个人全指望别人的帮助，那么此人大概率是一个不求上进的人，他寻求帮助只是为了得过且过，其本质就是懒汉，是**扶不起的阿斗**。这种人陷入困境向你求助，如果你借钱给他，往往转头他就去大吃大喝。这种无底洞，帮助是没有意义的。另外，时时帮、次次帮，无度的帮助会让他越来越失去自我解决问题的能力与欲望，对其自身也是**有害无益**的。

帮助是相互的

朋友之间应该是互相帮助、互通有无的，**有付出有回馈**才能长久。这并不是将友情物质化，而是维系友情必要的基础。无论从物质还是精神的

角度，都是这样。当朋友为你提供帮助，帮你走出困境的时候，他可能并没有图你的回报。但要知道，这是因为他把你当朋友，是对你的情谊。你可以不必交换性地回报他，但是当朋友陷入困境的时候呢？你是不是应该像朋友帮助你那样来帮助他呢？答案不言自明。只有**互相帮助**，有来有往，友情才能长久。如果一个人在落难时渴求朋友帮助，朋友有难时却巧言令色、袖手旁观，这种朋友不值得深交。

付出有度，
过度付出只会遭人轻视

　　多讲奉献、不讲索取的话我们从小到大没少听过也没少学过。无论在企业、公司还是事业单位，作为集体中的一员，确实都是需要有奉献之心的，因为权利与义务是**对等**的，付出和收获是**共存**的，大家都做贡献，集体才会有发展，个人才会有更大的发展空间。但需要注意的是，奉献也要有度。过分奉献可能源于内心的自卑，而且容易被人轻视。久而久之，大家习惯了你的付出，却不会拿你当回事，所谓费力不讨好，过度奉献反而换不来尊重。所以要拿出自信，没必要过度讨好别人。

总做分外之事会破坏规则

总有这样一种人，在你早上刚到办公室的时候，他已经帮几个同事倒好了茶水。卫生是他来搞，下班后灯也是他来关……这样付出也得到了大家的肯定，尤其是刚参加工作的新人，总会被大家称赞。不能否认，这样的奉献行为是因为热心、勤快，但如果总是过度付出，甚至是插手他人的工作，容易招人厌恶。

任何环境、任何事情都有它特有的**规则**。比如，一个公司，某工作由某部门某人负责，那么这工作就要由他来做，这就是一种**规则**。如果你去做自己分外的事情，偶尔一两次得到的是感激，但总是做**分外之事**就会破坏规则。有人会觉得你越俎代庖，还有人会被你打破规则的后果搞得很无奈，所以吐槽你、讨厌你。因此，最好的选择是做好自己分内的事情，不该做的不要去做。当然，如果是别人诚邀你帮忙，就另当别论了。不过，在这种情况下也要注意，你是被叫去帮忙的，要分清主角与配角，切不可**喧宾夺主**盖过对方，这样很可能不但这个忙白帮，还会引致忌惮。

别做"显欠儿"的人

你想付出的时候，要考虑一下其他人，不能**想一出是一出**。在你想有所付出的时候，一定要注意一下，会不会把其他人拖入尴尬和无奈的境地。比如，公司里的同事正准备一起出去放松一下，你却说你想加班。这是不是显得其他同事不如你努力呢？付出本身不是坏事，但有些时候，你是想付出了，其他人如果不跟随，显得不愿付出，跟随呢，又真的很累，力不从心，你挨骂就是罪有应得了。即使你是发自内心地想多出点力，也不要忘了横向看一下大家的态度，别做"显欠儿"的人，这样才能与其他同事打成一片。要知道，在需要冲锋陷阵的时候，谁都不掉链子，大家拿出拼搏的劲头**同心协力**才能无往不胜，但是，在有些情境下，放缓你的激进，与同伴**保持相同的节奏**才能保证和谐。

付出有据，彰显豁达

如果你是一个热心又闲不住的人，你可能会有很多**分外的付出**，那么在付出的时候就应该做好一种准备——付出很可能不但没有回报，还会遭到质疑。你可能会听到一些不同的声音，有些人会对你说一些感谢的话，还有些人阴阳怪气讲一些别有用心的话。不必动怒，也没必要自我怀疑，因为这是**人性使然**，有的人懂得感恩，也有的人以小人之心度君子之腹……这时我们该如何应对呢？首先，调整好自己的心态，要豁达，不要在意那些负面的话语。然后，通过一些必要的表达让别人知道你的豁达。比如，"我做某事是因为看大家都忙着，我刚好有点空闲，就做一下""举手之劳而已，谁看见了都会这样做的"……类似这样的话会传递一种信息——你分外付出了，但你没放在心上。这样，就彰显出你的豁达，表明了你的态度，剩下的让时间来说明就好。

心急有度，
不要急于一时

遇到事情有些着急，这是人的一种自然反应。具体来讲，如果是紧急情况，我们就想把问题尽快解决；换个角度讲，想尽快把一件事完成，达到某种效果，其实是对事物往更好方向发展的一种**期盼**。尽快达到更好、接近最好，这是每个人都想要的，这样来看，心急就可以理解了。但是，**心急应该有度**，因为心急具体能起到一种怎样的作用，全在于度的把握。

心急源于对事情缺乏正确的判断

"心急吃不了热豆腐"，这句俗语其实蕴涵着非常深刻的哲理。我们都知道，事物的发展有其必然规律，需要时间、需要过程。拔苗助长的故事我们都耳熟能详，如果不遵循事物发展的规律，再心急也没用。心急源于对事情缺乏**正确的判断**，如果因为心急而操作不当反而会让事情变得更糟。

如果我们急于达到某种结果，那么**遵循其发展规律**，把该做的做好就可以了，剩下的就是等待。这时再心急就完全是情绪问题了，而情绪对事物发展是没有帮助的。欲速则不达，有些事需要一步步来，如果上一步还没有完成好，就急于进行下一步，那结果就是崩塌。

有些事情需要**积淀**。比如，你想做餐饮业，刚开张就急于做成老字号，这是不切实际的，因为这需要技术和时间的积淀。你刚开张一个月，

没有经过各种要素的积淀，再心急也不可能做到"百年老字号"。任何一个行业都是这样，随着时间的积累，慢慢就淘汰了那些没有信用、吹牛浮夸、想挣快钱的人，留下的是一批有真才实学、踏实肯干的人。所以，**脚踏实地比心急更有用**，做好该做的事，精益求精，随时反思，求得一个好的开端，并持之以恒，你的想法才有可能实现。

沉着应对方为上策

当我们遇到突发状况时，难免心急，急于将事情解决。这时，我们更应该**沉着冷静**，首先把事情搞清楚，然后认真分析解决之道，如果盲目应对，可能治标不治本，也可能不但解决不了问题，还使情况变得更加不可控制。虽然事情有轻重缓急，但沉着冷静并不等于拖沓。心急会使你失去判断力，做出不明智的决断。

比如现在的电信诈骗，骗子就是利用了人们心急的特点。当你接到短信，说你的家人病了亟须转账医治，你是不是瞬间慌了？这种被骗的受害者不在少数。对亲人的关心是人之常情，正因为这样，才容易因为心急而失去**判断力**，落入骗子的陷阱。那么，如果我们接到这样的短信，是不是应该先冷静地想一想，亲人为何会让陌生人联系你？如果你很担心，是不是应该给亲人打个电话核实一下？

还有"医托"现象。他们利用了病人"**病急乱投医**"的心理。病人急于找到一种方法医治疾病，这时候"医托"热情的话语、对病症的"专业了解"使病人感觉好像遇到了"救星"，导致受骗。这时如果能**沉着冷静**一些，就不会落入圈套了。

最后，如果遭遇诈骗，一定要保留证据，交给警方，哪怕被骗后气愤难忍，也不要在恼羞成怒中删除相关信息及聊天、转账记录。冷静思考并采取理智行动是应对诈骗的最佳策略。

别轻易剑走偏锋

有的人，因为急于求成而选择剑走偏锋。不可否认，有时出奇能够制胜，但这只是偶然事件。一般情况下，不要轻易剑走偏锋。

《笑傲江湖》中，华山派练功分气宗、剑宗两派。气宗的特点是，功力增长很慢，需要很久的修炼，但内功深厚基础扎实；剑宗的特点是，武功长进特别快，短期内能变得招式凌厉，杀伤力很强。但是，剑宗的修炼者后续无力，还容易走火入魔。这用来类比剑走偏锋者非常贴切。只是一味地心急，却忽略了**夯实基础**。剑走偏锋成功的概率极其低，往往是以强弩之末的力气进入万劫不复的深渊，即便成功了，也容易**昙花一现**难得长久，还容易给人带来为达目的不择手段的印象。

凡事不能做绝，
不要把别人逼到死角

一帆风顺不是人生，冲突与对抗也是人生的重要组成部分。之所以对抗，有些是因为事务竞争，有些是因为性格差异，还有一些是因为观念不合。无论因为什么，对抗归对抗，较劲归较劲，不要忘了，**凡事不能做绝**，不要把别人逼到死角，这样别人不好受，对自己也不见得是好事。

不落井下石胜过雪中送炭

当你的竞争对手处于危难之中的时候，不要落井下石，因为竞争关系往往源于事务，而是否落井下石却**关乎人品**。对手的低谷也许是偶然的、暂时的，这时乘人之危落井下石，可能会对其造成毁灭性打击，你**赢得一时**，却输了声誉。落井下石打败这一个对手，那以后的竞争对手呢？以怎样的方式面对？另外，你的合作伙伴会怎么看？是不是由一斑而窥全豹，处处防范你？很明显，这是难得长久的。

那么，如果处于大厦将倾状态的不是你的对手，大家却都去踩踏他的时候，你该如何选择呢？墙倒众人推是人性，暴露了人性中卑劣的一面，此时不宜参与跟随。也许做不到拉他一把，保持**善意的中立**就是最大的善良。

总之，无论对手也好，无关之人也好，都不宜在对方危难之时落井下

石。**不落井下石胜过雪中送炭**，这显示出你的气度和善良，对长久发展也是大有益处的。

尊重对手，自己也会获得尊重

如果你们是商业上的对手，或者是事业上的竞争者，在竞争的同时要学会尊重对手，不能因为处于**竞争关系**就无所不用其极，甚至上升为人身攻击或者背后下黑手。尊重对手，自身也会获得尊重，获得大家的尊重，毕竟群众的眼睛是雪亮的。

喜欢足球的朋友对这样的场面不会陌生，在国际顶级赛事的绿茵场上，两支球队都有顶级球星，实力相当，并且比分结果对整体赛程至关重要。在对抗过程中，一方球员因用力过猛失去平衡，作为对手方的球员却将他稳稳抱住，避免了他的受伤，这时往往是全场掌声雷动。这掌声，可以说是致敬人性的。因为对手与敌人的概念是不同的，比赛中的对手关系，并不会影响人性的光辉，这是对对手的**尊重及善意**的表现。

竞争关系长久存在，没有人会是常胜将军，但你的做事风格却是有目共睹的。当你胜出的时候，尊重对手，给对手留一些空间，至少不去落井下石，那么在你低谷的时候，对手可能也同样不会对你赶尽杀绝。有时候，给别人留余地，就是给自己留余地。

相处不来就远离

两个人性格不同，能相处更好，不能相处选择远离也是不错的方式。道不同不相为谋，没必要强行相处，更没必要到最后互相看不顺眼。这样影响自己的心情，给自己带来负面情绪，实在是不值得。比如，一个人喜欢安静，性格温柔有内涵，另一个人性格外向，大嗓门儿，二人因为性格不同相处不适，那远离就好。没必要弄得双方都难受，以至于互相看不惯，积累矛盾、爆发冲突。

至于人与人观念不同，再正常不过了。生长环境不同、教育环境不同、性格不同等都会造成观念的不同。这世界因为各种不同才丰富多彩，要学会尊重所有的不同，以多元化的眼光来看世界，最多是看不惯的不去看，

听不惯的不去听，这样你会发现更多的美好，少去很多的痛苦。

做人留一线，日后好相见

　　总而言之，不论是什么原因，不要因为两个人合不来就心生怨恨，恨不得一脚踩死对方，这样做让自己痛苦，也显得你没有容人之量。虽然竞争和对手无时不在、无处不在，但也不是一成不变。今天的对手也许会变成明天的朋友，要以发展的眼光看待人和事。因为一时冲动而过于极端，往往会堵塞自己以后的道路。俗话说"**做人留一线，日后好相见**"，世间本没有那么多的深仇大恨，因为一时之气、一时看不对眼而耿耿于怀，甚至做出过激行为都是不明智的，如果造成不好的后果更是得不偿失，哪如淡然处之，云淡风轻呢？

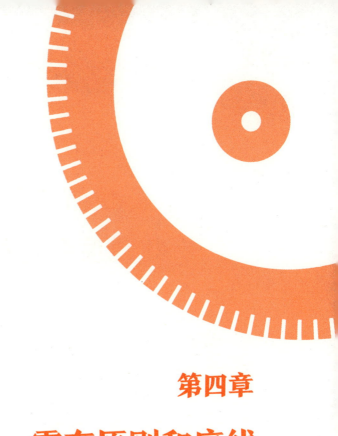

第四章

做人有度，需有原则和底线

人生旅途中要经历很多的人和事，在人与人的交往中、在对各种事情的处理中，需要有原则、有底线。没有原则和底线的人是非常可怕的，就像一颗随时会爆炸的炸弹，会使人不敢与他共事和相处。因为搞不好什么时候，这种人就会带给身边的人致命的危险。然而，在坚守必要的原则和底线的前提下，做人也需要灵活变通，因为人生不可定义，一头撞南墙是不可取的。冥顽不灵、食古不化的人同样也是没人愿意与之相处的。

爱面子有度，
过度会成为负累

中国人讲面子、爱面子，有根深蒂固的面子文化。爱面子无可厚非，人人都希望自己脸上有光，但**爱面子要有度**，过度爱面子会成为一种负累。当你真的事业有成风生水起的时候，当你真的有你的独到之处的时候，面子会自然而然到来。而且，自己的生活是自己过，究竟过得怎么样，只有自己知道，毕竟人是**活给自己**，不是为别人而活着。

费尽心力要面子，不如好好过日子

有些人特别爱面子，总是费尽心力地在方方面面追求面子。但是，面子是一种衍生品，是基于现实的，脱离现实的面子是毫无意义的，可以说是**精神垃圾**。面子不是要来的，也不是别人给的，而是自己挣的，因为面子是跟你的实力成正比的。

把注意力从不合时宜的面子上收回来，用心过好自己的日子才是正道。如果你连自己的日子都过不好，反而一味地追求面子，那就是本末倒置，等于**搬起石头砸自己的脚**。当你坚持不懈地做好自己该做的事，过好自己的日子，即便达不到风生水起，也会小有所成，这时身边的人会对你产生认同感，觉得你这个人是可以的。因此，真正的面子不是取决于外在的虚荣和浮华。专注于发展自己、充实自己，这才是我们应该追求的面子。

死要面子活受罪不可取

"**死要面子活受罪**"，现实中有太多的人是这样的。有时候，你所追求的面子，已经超出了你的能力范围，然而你还在自戕式地刻意追求，这就叫死要面子活受罪。在这种情况下，就不应该强求面子，因为强求不但得不到面子，更丢面子倒是肯定的。费尽周折求面子，其实是金玉其外败絮其中，是瞒不过别人的。即使说"你真有面子"，那也只是停留在嘴上，而真正让对方觉得你有面子应该是源于**内心的敬佩**。

人越是在光景不好的时候越在意别人的看法，就怕被人瞧不起，这也是**人之常情**，毕竟把光鲜的一面展示给别人是人的天性。但是，应该把握好要面子的度，死要面子活受罪是一种愚蠢的行为，是不可取的。这就好像自己家的孩子还吃不好穿不暖，却总是借钱去请所谓的哥们儿大吃大喝，你得到的不是"哥们儿"的尊重，而是鄙夷。"自己过得那么烂，还在这**装面子**，谁不知道啊，就这样的，不吃白不吃。"而如果你发展得比

较好的时候再宴请"哥们儿"，他们会说"这小子真能耐，现在风生水起倍有面子""是啊，就这还想着咱们这些哥们儿，真是**有情有义**"，这就是人性。

虽然无论境况好坏，我们都无法抛开面子，但要在不同的境况中把握侧重点，这就是度。

给面子要量力而为

给面子是相互的，二者互为因果，我们希望有面子的同时，也免不了要给别人面子，因为给别人面子的同时自己也得到了面子。给面子要量力而为，不可打肿脸充胖子，或者把自己搞得很疲累。说直白点，面子就是为了好看，如果只为了好看而付出很大的代价，那更是得不偿失。

朋友A组织聚会，但B出门在外距离很远。B耐心解释，而A说："你不赶回来就是不给我面子，以后别处了。"结果B为了赶回来疲劳驾驶出了车祸。这样的例子在现实中很多。要面子的和给面子的都没有把握好度，所以才造成这样的后果，而这样的后果让双方都无法互相面对。朋友之间，真的会因为某次特殊情况没给到面子，而断绝来往吗？我想一般不会。如果真的因为这样的原因断绝来往，那么这样的朋友**不要也罢**。

争强有度，
服软不是"丢面子"

　　俗话说，人争一口气，佛争一炷香。人活于世，总会有竞争，也总有那么几个"不对付"的人，所以难免明里暗里互相较劲儿。"我不能输在气势上""我服谁也不服他"。这种较劲儿，正面看，是一种不服输的态度，是一种想要变得更好的动力；从负面看，就是为了面子，自己跟自己过不去，让自己活得很累。所以，**逞强有度，服软并不是丢面子**。大树被风吹断，小草却安然无恙的道理，我们应该明白，过于争强好胜更容易"折"。

认怂是一门艺术

一段歌词中写道："风中柳丝舒懒腰，几点絮飞飘呀飘，谁能力抗劲风，为何梁木折腰，柳絮却可轻卸掉……"正所谓**柔能克刚**。俗话说好汉不吃眼前亏，在力量不足或者时机不成熟的时候，硬碰硬可能会使自己损失惨重乃至彻底毁灭，也可能**两败俱伤**。在必要的时候认怂，是一种智慧。

但认怂也是一门艺术，怎样认怂也是有度的。认怂并不等同于俯首听命，而是避其锋芒，为自己赢得喘息之机。一时的低头并不是自甘沉沦，而是为了赢得以后昂首挺胸的可能性。勾践灭吴的故事，大家都很熟悉，这正是认怂以图再起的例证。

另外，如果一个人锋芒毕露，目空一切，就会成为"显眼包"，当大家都看不惯你舍我其谁的姿态时，你很可能就会成为**众矢之的**。与此相反，懂得示弱的人，大家会觉得他是无害的，会愿意与他交往，也就会"众人相帮"。**众矢之的和众人相帮**，哪个更有利于自身发展就无须多言了。

该低头时就要低头。

退一步海阔天空

竞争在所难免，而有时还会从事的竞争上升为人的竞争，那就是两个人乃至两个家庭的不对付、较劲儿，严重的还会**互相拆台**，恨不能将对方踩在脚下，也就是我们平常所说的"死对头"。试想一下，如果这种死对头多了，人生是不是会受到不良影响？情商高的人是懂得服软的，因为罗马不是一天建成的，事物的发展也不是**争一时之强**能改变的。较劲较到底，一头撞南墙，其结果往往是头破血流，或者两败俱伤。即使做不到服软，我们也至少可以拿出一种"你厉害，我不跟你争……"的态度。

还有一种好勇斗狠的**无脑之人**，跟他们是无道理可讲的。遇见这种人，也应该避开。因为这种人往往**无知者无畏**，是非观念淡薄，与他们正面对抗没有任何意义。

适时退却，东山再起

历史上战功卓越的战略家，从来都是懂得战略退却的。如果只是逞一时之勇，而不能审时度势，那就只是一介武夫而已。

逞一时之勇，也许能造就悲情英雄，但不会获得全局的胜利。楚汉之争的历史，是很能说明这个道理的。初期，西楚霸王项羽具有绝对性优势，汉高祖刘邦选择了示弱退却，保存了实力，为最后胜利奠定了基础。如果逞一时之勇，最后是谁得天下就不一定了。

当今，没有了武力战争，但在工作中、生活中，也是一样的道理。有时，就算你满心不甘，就算你不想认输，还想将比赛进行下去，那么也该根据情况学会战略退却。所谓战略退却，并不等于逃跑，而是在对自己不利的情况下保存实力，以免全军覆没。这样才好来日再战，才有可能赢得最后的胜利。

争论有度，
赢得一时又如何

　　无论在亲密关系、朋友关系还是同事关系中，都存在意见不统一的情况，这时会产生争论。有些争论是有必要的，大家摆事实、讲依据、讲道理，得到更合理的结论，有利于事情向更好的方向发展；而有些争论是无用的，就是在浪费时间。争论虽然在所难免，但我们一定要争论有度，**不做无谓的争论**。

"理不辩自明"还是"理不辩不明"？

　　理不辩自明还是理不辩不明，这两句话都是有道理的。理不辩自明中的理是一种已经被证明合理性的理，而理不辩不明中的理，其合理性还有待论证，要经过辩才能知其是否具有**合理性**。这两句话中，前者的辩论没有必要，因为既已定论何须辩论？后者中的辩论是有必要的，因为这种辩论是为了得出真理，而不是为了争论而争论。

　　事实上，真正有意义的争论，不是为了输赢结果，而是为了更接近**真理**。由此也引出争辩与狡辩的区别。争辩是因为不认同某种观点而进行反驳，无论这种反驳是否有效，都是**有理有据地表达自身的观点**；而狡辩就是明知道自己没道理，却还要歪曲事实强词夺理，这样做除了逞口舌之快，还可能是为了达到某种目的，并不是为了讲清是非黑白。逞口舌之快毫无意义，而以这种方式来达到目的也并非上策，会因为缺乏说服力而很容易暴露出心怀鬼胎。

不做无谓的争辩

有一个网络词汇叫作"杠精"。无论你讲什么，他都要跟你抬杠，久而久之，就没有人喜欢跟这种人聊天。有些人喜欢唇枪舌剑，殊不知，也就是我们俗话说的"快乐快乐嘴儿"而已。爱逞口舌之快的人，往往会**忽略事物的本质，为了争论而争论**，而不是为了真理而争论。没理辩三分说的就是这种人。争论有度，**莫逞口舌之快**，莫做杠精，更不要与这种人争论。

对于一个喜欢争论的人，尤其是那些并非关注问题本身的人，不要做无谓的争辩，一句"你说得都对"，是对他最好的回答。与这种人争论是浪费时间，他们往往连自己持有什么观点都搞不清楚，更别说有理有据了。

保持自身节奏

　　每个人的观念不同，想法也不同，所以世间没有完全相同的两个人，也没有两个相同的人生。**每个人有自己的路**，当你的想法不被理解，而你却认定的时候，不要去争论，因为争论也不会得到理解。你要知道，你该做的是去实现你的想法，而不是为了说服别人，你的选择也不需要无关的人明白。道不同不相为谋，何必非要争论个长短呢？

指点有度，
不要总是好为人师

　　指点本是褒义词，指点过度就变成了说教。你有没有犯职业病的亲戚或朋友？有没有经历过他们的教导？磨磨唧唧是不是让你头大？毫无疑问，他们挂在嘴边的就是"这是为了你好"，对你动之以情，晓之以理，跟你举例子、摆事实、讲道理，俨然一篇说明文，并且把说明文的要素用了个遍，这种"指点"很难深入人心。

　　很少有人在这样的场景中受益匪浅，相反，这会让我们抓狂，却还得出于礼貌忍着听下去，真是太痛苦了。有时候别人听你说教并不是觉得你讲得有道理，只是不好意思打断你而已。

指点不是指指点点，说得过多是唠叨

现实生活中，总有些场景让我们历历在目。"你要好好学习啊，怎么总看与学习无关的书啊？""跟你说这些都是为了你好！有则改之，无则加勉！"这样的对话是不是很熟悉？这样的话语可能并无恶意，但**绝非真正的指点**。可能有时候你出于善意和亲近关系总想说上这么几句，那么做到善意提醒就够了。另外，真正的指点往往是相对具体地告诉他该怎么做，并非长篇大论地讲大道理。

假设你是一个孩子，你有两个亲戚，其中一个每次见到你都要说好好学习，有没有做完作业之类的话。另一个见到你总是跟你一起玩游戏，跟你聊兴趣爱好，并且教你一些技能。你更喜欢跟哪个相处呢？我想会是第二个。而喜欢说教的那个，带来的正面影响并不一定比另一位更多，甚至完全相反。

每个人都有自己的**发展轨迹**，作为外人，不宜说得过多，就算是至近亲属，人家也不一定就愿意听你言之无物的长篇大论。

小丽啊，不是我说你，你都三十多了，也该找个对象了吧，要不邻居们怎么看你……

不劳您费心，您还是先把您女儿嫁出去吧。

- 102 -

谈心胜过说教

指点迷津一词，是说别人在迷途中不知所措的时候给予有用的建议。给别人指点，并不是习惯性地好为人师、对别人说教。如果你总是好为人师，应该进行自我反思。你的内心深处是否有一种自卑感，是否通过说教别人来达到一种精神上的满足感？这是从精神角度实现自我价值的一种假象。

如果你真的想对某人进行指点，那么以俯视的姿态对话不如以谈心的方式交流。谈心的方式会有比较轻松的气氛，也更容易让人接受。因为，谈心首先给人以**平等感**，你们的对话是建立在平等基础上的，也就更能**畅所欲言**，也更容易达到效果。

谈心时，你会更加了解对方的问题所在，也就更容易以一种恰当的方式指引对方。毕竟你是以指点对方为目的，不是为了把人怼得无言以对。好多道理大家都明白，但需要经历过才能深切体会到，说教并不能代替经历，**适度指引**就够了，其余交给当事人自己就好。

谈心　　　　　说教

计较有度，
莫被生活所累

计较源于**在乎**，如果没有在乎的东西，那是圣人，所以**计较是人之常情**。有些事涉及原则问题，你不计较，可能是因为你不在乎那一点点物质，但这样做却破坏了原则，别人会觉得你软弱可欺，是可以毫无顾忌地侵犯的。人性中有恶的因素，当你出于豁达不跟人计较的时候，对方可能会形成习惯，几次三番变本加厉地突破你的底线。当你忍无可忍时制止他，他不会感激你之前的不计较，却会因为你此次的做法而怀恨在心。所以计较需有度，不计较被人欺，过于计较活得累，计较的尺度须把控好。

过分计较

不能让别人占我一分一毫的地！

不去计较

啊！我不计较，也不意味着可以把我的地都占了啊！

"大度"是坚守原则基础上的凡事包容

在不触及原则的情况下，能不计较就别计较。在坚守原则的情况下，不计较是一种气度，是一种包容，也是人格魅力的一种体现。斤斤计较的人容易没朋友。大气的人，大家都喜欢与之相处，往往会夸赞"这个人办事敞亮""这个人从来不斤斤计较，跟他共事儿，没错儿"。而事事计较的人往往没有人喜欢与之共事，往往会是"他啊，快算了吧，跟他共事，能计较到让你恶心"等。类似的话语其实就是一个人在别人心中的形象，会给生活中的各个方面都带来很大影响，事关人生道路越走越宽还是越走越窄。不涉及原则的事情，就不要太认真，也许对方并非有意冒犯，只是感觉是小事，他也没在意而已，睁一只眼闭一只眼也就过去了。有一些小事情，不但犯不上苦恼和在意，还可以当作生活中的调味品，一笑了之岂不更好？

贪念让人陷入痛苦与不满

贪念源于人的天性，但无度地放纵这种天性并没有好处。总想得到更多无可厚非，但无度的贪念很可怕，会使身边的人离你而去，最终也会反噬自身。贪念会拉低幸福指数，让人失去很多的幸福感，变得不再知足常乐，也不会去感恩和珍惜已经拥有的。贪念更像是一种精神疾病，会让人除了想无度地占有之外无暇顾及其他，就像《大宅门》里的白占光，不停地数钱，以至于见到数字就停不下来地数，最后数死了。还有我们所熟知的《渔夫与金鱼的故事》，老太婆无度的贪念透支了金鱼的善念，最后激怒了金鱼，所有的一切都恢复了之前的破旧不堪。有度追求，控制贪念，是实现幸福人生所必须的。

信任有度，
坦诚不是无条件

俗话说"**人无信不立**"，在人与人的交往中，诚信的重要性不言而喻。讲诚信是一种自修，也是一种习惯，讲诚信，才能赢得朋友的信任。然而，在现实社会中，除了自身讲诚信，还有是否信任其他人，信任深浅的问题。**轻信于人伤己**，可能会被坑，丢了物质又伤心；而如果全是猜忌，所有的合作都无法进行，各种事情的整体效率会大打折扣，所有的情谊也都不复存在。所以，信任要有度，有度才不会偏颇。

关系不同，信任度不同

社会活动中，每个人都面对不同的**社会关系**。社会关系是复杂多样的，人与人之间情谊有深有浅，关系有亲有疏，对于不同的关系、不同的人，我们的信任度不可能也不应该是相同的。如果对每个人的信任度都一样，那么在做事情或处理问题的时候往往也是机械的、木讷的。

俗话说**血浓于水**，对于亲人，我们应该给予更多的信任。父母是世界上最值得信任的人，这无须理由、无须论证。父母总是设身处地地为孩子考虑，他们的爱是无私的，即便全世界背叛了你，只有父母仍然会站在你的身后。其他的亲人，与我们有着或近或远的血缘关系，这是一条天然的纽带，我们也应该信任他们。现实中，我们也总是会听到亲人之间相互帮助的例子，而且也能体会到**亲人的可靠**。

我们应该**信任朋友**，但现实中，还是应该多留个心眼儿，对于朋友不可全信。至于信任到哪种程度，需要具体的事情具体分析。朋友本来是一个泛称，我们与每个朋友的关系深浅是不同的，每个朋友的人品、性格也各不相同，所以应该区别对待。有些朋友重情义，与我们肝胆相照，确实称得上义薄云天，可以为朋友两肋插刀。有这样的朋友，是人生之幸，我们应该信任并珍惜他们。有些朋友人不错，与我们关系也很好，但他们往往并不想为朋友的事情过多地出力与损耗，当你有事情托付给他们的时候，他们也会有一搭无一搭地去做，这样的朋友就不能过分信任。他们的原则类似于，没有害人之心，也不费力气帮人，比较接近于**泛泛之交**。如果对这种朋友过度信任，往往会因为他们并不全心全意帮你而耽误了事情。还有些称为朋友的人，他们不但不做朋友该做的事情，还专门坑朋友，利用朋友的信任，不择手段地获取利益。对于这种所谓的"朋友"，不但不能有丝毫信任，还应该小心提防，避而远之。

夫妻之间，应该更多地给予信任。夫妻二人本无任何关系，因为缘分而走到一起，是相互爱慕、相互协作的关系，只有**相互信任**才能够在事业上、生活中和谐融洽。

分清真话和面子话

当我们深陷困境或有为难之事的时候，身边会有一些人拍着胸脯跟你保证"这事包在我身上""小事一桩，我能轻松帮你解决"。过后，这些话就像随风飘逝一样绝口不提，更别说真正帮忙了。

对方之所以这样说，出于三种不同的原因。第一种，他们把事情想简单了，出于情谊或热心而打算帮忙，结果发现超出自身能力范围，再提又觉得丢面子、尴尬，所以就不再提了。第二种，对方说要帮忙是面子话。当你向对方有意或无意说出来自己的困难，对方一言不发显得不够认真和重视，所以就说一些面子话度过尴尬场面。第三种，对方没能力帮你，或者根本不想帮你，却想通过豪言壮语表现自己很重情义或很有能力。说白了，这种人就是做戏给别人看。

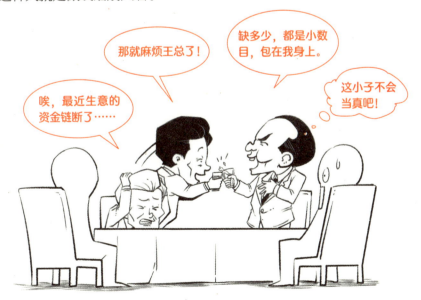

对于超出对方能力范围的情况，我们就不要再提了，这样双方都避免了尴尬。对于其他两种情况，我们要**分清真话和面子话**，以避免错误地信任别人，耽误了事情，浪费了感情。那么，怎样分清真话和面子话呢？第一，可以通过对方在承诺帮助你的时候的举止来判断，如果对方都没有经过思考，甚至连你讲什么都没仔细听就满口承诺，那一定是不可信的。第二，可以通过你对对方的了解来判断，比如对方的人品、平常的**信誉度**，等等。第三，通过对方在讲这件事的时候是不是言之有物来判断，如果只是说一些虚无缥缈的套话，往往不可信。

诺言勿轻许

生活中，我们要重视自身的信誉。如开篇所说"人无信不立"，《论语》也说"与朋友交，言而有信"。信任如同信用卡，只有如约履行才能够保持信誉。商鞅变法的历史为大家所熟知，因为商鞅履行了**搬木即赏**的诺言，**取信于民**，新法才得以推行。

在与人相处的时候，我们也应该信守承诺，方可形成良好的信誉度，在做人、做事的过程中才能走得更远。在没有把握的情况下，不要轻易答应别人任何事情，也不要口若悬河自吹自擂。答应别人的事情就应该做到，若因为不可控因素导致没有做到，也要做好解释。如果一个人信誉良好，相当于持有一张通行证，这就是口碑，做事会很顺畅；如果信誉很差，大家就会远离你，人生道路也会步履维艰。

第五章

生活有度，悲喜置于心外

生活中有悲有喜，但不要悲喜过度，有追求也要懂放下。享受激情，也能够归于平淡。有人将生活比喻成一面镜子，你对它笑，它就对你笑，你对它哭，它就对你哭。乐观面对，坦然接受。

吃喝玩乐，有度有序

《吕氏春秋》中说，有些滋味，嘴上尝过就会得到满足，但对身体并无益处。有利于生命就应该择取，有害于生命就应该舍弃。沉迷于声、色、滋味，有机会就放纵自己，生命怎能不受到伤害呢？其实，这个道理不仅适用于饮食，而且适用于**吃喝玩乐**等各个方面。这是古人养生之智慧，值得我们作为参考。

小饮怡情，大饮伤身

我国的酒文化源远流长，自古以来，从达官显贵到平民百姓，从文人墨客到戎马一生的武将，好酒者不乏其人。酒的历史如此悠久，自有它的好处和用途。聚会的时候，如果不喝酒总是差一点感觉。正所谓**无酒不成席**，招待客人的时候，不喝点酒总不免觉得遗憾和失礼。饮酒可活跃气氛，也可以让人放松，还在一定程度上增进了朋友的感情。在今天，也有好多人**无酒不欢**。

但是，**饮酒要适度**，酗酒、贪杯有损健康。长期酗酒会损害肝脏，还会造成高血压，尤其是到了一定年龄，发病率会大大增加。除此之外，过量饮酒还会对大脑造成不可逆的损伤，引发**记忆力减退**，反应迟钝的情况。醉酒之后，神经受到麻痹，极容易做出不理智的事情，比如发酒疯等，为家人带来烦恼，为自己带来危险。过量饮酒还容易误事，因为醉酒而失去生命的例子屡见不鲜，因劝酒出事惹上官司的也常有耳闻。小饮怡情，大饮伤身，饮酒切**不可贪杯**。

重口味、暴饮暴食危害大

随着生活水平的大幅度提高，人们不再食不果腹，不但能吃饱，还变着花样地吃，更是出现了网络词汇——吃货。有人自称吃货还沾沾自喜，殊不知，**暴饮暴食**对健康危害很大。暴饮暴食会导致过多的营养物质集聚在体内，产生脂肪堆积，从而引起肥胖，**既不健康也不美观**。暴饮暴食还容易引发胃病，导致胃部负担过重，上顿吃的东西还没来得及消化完，下顿的食物又填满了胃部，时间长了就会胃病上身。

市面上垃圾食品很多，比如辣条、高油高热量的油炸食品、膨化食品等，还出现了"**无辣不欢**"等新词汇，这也从侧面说明人们对强烈刺激、重口味食品的追求。偶尔食之还好，长期如此就会带来消化方面的疾病。油炸食品在制作过程中，会使食品中的物质烟化变质，性状也发生了改变，产生大量反式脂肪酸，增加心脑血管病的风险，还会影响婴幼儿的发育。

在保证营养的前提下，**粗茶淡饭、适量进食**更有益于健康。

暴饮暴食

美也要顺应自然

爱美之心人皆有之。追求美是每个人的天性也是每个人的权利，漂亮的外表也是美好生活的一个重要组成部分。但是，追求美宜顺应自然，如果确实需要通过人工介入的方式来进行某些改变，也要把握好度。

有些朋友怕变胖，还有的已经胖了想恢复苗条身材而采取一些措施，比如健身、节食等。这本身不但有利于外表变漂亮，还有益于健康，但过度健身和节食就对身体有害无益了。健身以不超自身负荷为宜，过度健身容易导致第二天身体疲劳无法正常工作，严重的还会发生运动损伤、关节病、肌肉溶解等病症。**适度节食**，可以改善肠胃功能，有助于减轻消化系统的负荷，还能够防止过量摄入营养以保持体形。但节食必须在保证健康、必要营养的前提下进行，如果过度节食，就会导致营养不良、内分泌紊乱等情况，而且仅仅依靠节食瘦下来极容易反弹。

节食 ≠ 绝食

为了减肥，我一定要节食！

　　除了所谓的"正事儿"之外，生活中还有吃喝玩乐。娱乐是必要的，在娱乐中还能放松身心，缓解工作和生活的压力，这也是一种宣泄方式。在娱乐中能交到不同圈子的朋友，接触到不一样的信息。同时，随着生活节奏的加快，文化变得越来越**多元**，娱乐项目的经营者也是绞尽脑汁，五花八门的娱乐方式充斥市场。有些娱乐项目比较健康，而有些娱乐项目处于**灰色地带**，属于打擦边球的状态。娱乐应该有度，不要玩物丧志，更要警惕误入歧途。

莫做"瘾君子"

　　在工作生活之余，适度娱乐无可厚非，但**违法娱乐不能沾**。

　　吸毒者的说辞几乎都是：压力太大了。压力大不是吸毒的理由，缓解压力的方式有很多。吸毒的危害无须多言，对身心的损害是极其严重的。

　　十赌九输，因赌博导致家庭破裂、倾家荡产的例子太多了。因为赌资

相互扯皮，做出极端行为的例子也不在少数。指望着以赌博发家致富就更是痴人说梦。

扫黄打非工作一直没有停止过。这种事情上不了台面，对家人、对工作、对自身声誉都是一种沉重的打击。如果因为这种事情陷入麻烦，向朋友求助都没办法说出口，不是吗？

至于违法的后果，每个人都清楚不过，**牢狱之灾**免不了，而违法之后，你的事业家庭可能全部被毁掉，很可能此生再难翻身。

确切地说，上述行为其实并不是娱乐，而是流毒。这些事情，有了一次就会有第二次，所以，不要以任何理由去碰触，为了自己，也为了家人。

还有一些娱乐项目，虽然不违法，却容易使人沉迷其中难以自拔。比如沉迷游戏、沉迷彩票等。当你沉迷其中，会不顾家庭、无心工作，久而久之成为废人一个。

在娱乐之初，我们就应该对娱乐项目有一个清晰明确的认知，时刻提醒自己，这只是个游戏。例如，有些网瘾患者穿着尿不湿连续打游戏，想一想，难道这不是对人生的不珍惜吗？不是对自己有限生命的不尊重吗？

娱乐是一种放松，任何娱乐方式都只是一种工具而已，是生活的调剂品，不应该是我们的常态。适度娱乐，切勿沉迷其中。

忙碌有度，
别让工作压垮了你

我们总在追求更好，财富更多一些，成就更高一些，能力更强一些，这本身无可厚非。大家推动社会发展，同时又被社会推着走着。努力是应该的，也是无奈的，在**无休止的忙碌**中，适当做一些减法，别让工作压垮了你。

善于规划、利用时间，才能避免"瞎忙"

在读书的时候你有没有注意到这样一种现象：有些同学，你看不到他们学习有多么努力，却总是**名列前茅**。同样，在工作中，有些同事，你看不见他们加班，却总是什么都没有落后，还总能为公司创造很多的价值。而另一些人，你看见他们时刻都在忙碌，却很平庸，原因何在呢？

不可否认，这些精英可能拥有较高的智商，或者在前期打下了坚实的基础，但去除这些原因呢？是因为他们善于**规划时间**、善于利用时间。作为学生或者职场人，有限的时间内充斥着大量的课业、事务，规划时间就成了必修课。在繁忙之中，应该学会见缝插针，没有大段时间，那就利用**碎片时间**。时间利用率高了，学习和工作效率也就高了。

专注力强的人，坐在那里半小时，**全神贯注**地将工作完成了，后面的时间可以做其他工作，也可以休息；而专注力差的人坐在那里半小时，想了几分钟工作，其余的时间都是在做白日梦的状态，工作肯定完不成，然后加班，给别人和自己营造出一种**忙碌工作的假象**。还有些人，确实在努力学习或努力工作，但他们没用脑子，找不到关键点，忙来忙去没头绪没效果，这就是我们所说的"瞎忙"。避免瞎忙，可以一步步做起。比如，可以制作自己专有的时间表，在学习或做事的过程中如果走神，就有意识地克制自己、拉回思绪，强迫自己把注意力集中在眼前的事物上。此外，随着生活节奏的加快和事务的增多，时间变得非常宝贵。学会合理规划自己的时间，保持身心平衡，定期运动、阅读或者与家人朋友相聚，可以让我们恢复精力、提高工作效率，生活也会变得有滋有味。

努力工作是为了更好地生活

快节奏的生活，导致很多现代病，失眠、健忘、脱发，等等，而且发病年龄越来越年轻化。在该休息的时间，你还在忙着工作，在该度假的时

候你还在忙着应酬。透支身体来创造价值，是**杀鸡取卵**，是不值得的。有些病痛在年轻的时候并不会显现出来，等上了年纪，年轻时候的透支，就会被加倍奉还。身体是革命的本钱，忙碌有度，在努力工作的同时，要注意自己的身体，这样才能"可持续发展"。

　　做好事业，是很多人的追求。事业的成功，是完整人生的重要组成部分，也是人生价值的重要体现。但是不要忘了，**努力工作**也是为了更好地生活。房子要换大一点，车子要换好一点……不胜枚举的各个方面，其实都是要获得更好的生活。但是，你懂得享受生活吗？在努力中、在忙碌中，不要忘了停下来享受一下眼前的生活。努力工作是为了更好地生活，更好地享受生活才能以更好的状态继续工作。

时光清浅，别忘了停下来闻闻花香

　　当今社会，压力大已经成为大多数人的常态。追求事业的成功，追求更好的物质条件，就需要更加努力地工作，长期的压力和超负荷工作对健康的损害是巨大的。长期坐在办公室，也是另一种闭目塞听的状态。除了从电子产品和办公桌上的文件得来的定向信息，你是不是忽略了太多的美好？既然压力不可避免，那么就应该学会缓解压力、释放压力。大自然具有超强的治愈性，**多接触大自然**是一种非常有效的、必要的解压方式。

　　钢筋围墙和格子屋是生硬的，大自然的灵性却是无限的，在城市的拥挤中，在忙碌的工作中，抽出一些时间，多接触大自然，会令你心情舒畅，也会得到更多的**灵感**。

执着有度，
尽人事，听天命

　　执着，是一种品格，是做成事情的**必要因素**。执着代表着坚持不懈，不轻易放弃。但是，执着也要有度，过度地执着就是执念。有谚语说"尽人事，听天命"，无论什么事情，只要尽了最大的努力，成功与否都坦然接受就好。如果事情达到一种**限度**，仍不能坦然接受，带来的除了痛苦，不会再有其他。所谓"**谋事在人，成事在天**"，自己已经尽力，至于能否达到目的，那就要看时运如何了。总而言之，人生努力拼搏过，只要不留下"少壮不努力"的遗憾就行。

全力拼搏，坦然接受

浑浑噩噩度日是对人生的不负责任，人生难得几回搏，能为了梦想拼搏是人生一大幸事，而每一位拼搏的人，说他们不想获得成功那一定是假话。然而，**拼搏须尽全力**，结果却总有成与不成两种可能。有些时候、有些事情，并不是努力就一定能成功的。这不是主张我们要消极面对，而是提醒我们认清一种事实——成与不成都是存在可能性的，不可能都得到成功的结果。在**全力拼搏**之后，即便没有得到预想的结果，我们也该坦然接受，也完全可以为自己感到欣慰。因为已经努力过了，没有留下遗憾，也对得起自己的人生。

看破"万物不全"之理

《西游记》中，师徒四人取得真经，却因缺少一难而被掀入水中，经书湿透，晾晒时却被扯落一片，唐僧心痛叹息，孙悟空却说："天地本不

全，经文残缺，也应不全之理。"这虽是神话小说，但其中的哲理却是很深刻的。

在现实中我们也经常说"人生不如意事十之八九"。人生没有那么多完满，想要处处尽如人意也是不可能实现的。也许你喜欢月圆花好，但也要知道月盈则亏，秋来花残，自然之理不可打破。看破万物不全之理，看清生活的本质依然热爱生活，这样才能活得舒服，活得潇洒。

失之东隅，收之桑榆

人生是复杂的，不能以定理定义论之。事物是在不停发展变化的，有些具有因果关系，但有些也有其**阶段性**。比如，有些人在小时候看起来很平庸，长大后事业上风生水起。相反，有些被认为是种子选手的人最终却并没有什么大的作为。当你执着于某件事或某种结果而未达到的时候，不妨放下它或者暂时放下它，换个方向也是不错的选择，说不定就会**失之东隅，收之桑榆**，在此处没有实现的梦想，也许会在别处实现，没有实现这个梦想，也许就实现了另一个梦想。正所谓，上帝为你关上了一扇门，就会为你打开一扇窗。

过度执着会成为负累

适度地执着，会使你保持一种坚持不懈的劲头，能够帮助你靠近梦想、实现梦想。但不要忘了还有一句话"明智的选择胜过盲目的执着"，过度的执着会成为一种**负累**。能坚持固然是一种好的品质，但如果方向错了，再执着就是**南辕北辙**，离目标越来越远。

如果你执着于事业的成功，努力是肯定要有的，但也许受自身局限，也许受现实局限，如果强行走下去，往往会压力爆棚，最终**满盘皆输**。

对感情就更是这样，也许你执着于某一人，认定他（她）才是唯一适合你的终身伴侣，然而对方却对你并不动心。**感情勉强不得**，当你知道没有可能性的时候，莫不如另觅知心人。强行坚持只会让自己痛苦、让对方烦恼，到最后连朋友都没得做了。

情绪有度，
掌握好激情和平淡的尺寸

　　无论对事还是对人生来讲，**情绪都应该有度**，掌握好激情和平淡的尺寸，所谓"不以物喜，不以己悲"正是情绪有度的体现。人生在世，避免情绪大起大落，什么事情看开一些就好，喜与悲、成功与失败只是一时，心态平和，一切都会过去。

人间万千光景，悲喜自渡

　　有社会学者进行过相关调查——长寿老人的性格有什么特点。调查结果非常具有共性，那就是这些长寿老人情绪都比较稳定，不会忽而暴跳如雷，忽而悲观失望。那些患有心脑血管疾病的人，情绪波动就会带来危险。由此可见，**控制情绪**是有必要的，而控制情绪的根本，并不是阻塞情绪，而是对任何事情淡然视之，看开一些，这样情绪自然稳定。人间万千光景，悲喜还需自渡。

保持微笑，积极面对，坚持运动，早睡早起！

 平淡生活，得失随缘

　　我们追求燃情岁月，觉得人生就应该**轰轰烈烈**，尤其在年轻的时候。到了一定的年纪，还会因为过去的岁月太过平淡而备感遗憾。其实，平平淡淡才是真。青春的岁月，固然应该**多姿多彩**，但再爆棚的激情燃烧，也会归于平淡。就像我们经常聊到的，如果再给你一次重来的机会，你会怎样呢？

　　生活的本质是什么？每个人都有不同的见解。虽然这是一个难以回答的问题，因为生活很复杂，但是，对于大多数人来说，平淡就是生活的本质，或者占有绝大部分的比重，这也是事实。有时候，甘于平淡、享受平淡也是一种幸福。

不执着于过去，不奢望于未来

　　"弃我去者，昨日之日不可留；乱我心者，今日之日多烦忧。"无论你过往的岁月是激情还是平淡，都不必纠结，因为无论怎样，那都是你的人生。既然是你自己的人生，那么走出怎样的道路，都包含在你无数次选择和对无数件事情的应对方式中，相信在大多数的过往中，你都有你做出选择的原因，那么也就**没有必要再去纠结**。如果过去的岁月是平淡的，那么就感激平静的日子；如果过去是充满激情的，也不要因为激情退去的落差而苦恼，因为生活本来就是要归于平淡的。对于过去的岁月、过去的经历，可以追忆、可以怀念，但没必要过多地产生遗憾、不甘等情绪。过去的就是过去的，再有怎样的情绪也是无法改变的，只能徒增烦恼。

对于未来，每个人都有**美好的期待**，然而期待并不等同于奢望。怀着美好的期待，阳光地迎接生活，这样能够更多地感受生活的乐趣，在自然中享受生活。如果对未来充满奢望，往往会期望越大失望越大，使自己陷入**恐惧不安**之中。

做事情，不盲目乐观和消极

我们应该以客观的眼光来看待事情、把握事情。盲目的乐观，会使我们对事情的认识不足或者出现偏差。如果把事情想简单了，会在处理事情的过程中措手不及。而盲目的悲观更是不可取，**事情成败尚无定论**，你就已经觉得它难以成功，在这种心态下，你很难去拼尽全力，反正也成功不了，比画几下子算了，那么事情就真的难以成功了。在做事的时候，**切勿被情绪左右**，情绪对事情的发展没有任何帮助，我们只需要一种态度——即便是当炮灰，也要当炽热的炮灰。

对人生，以乐观心态面对

生活不易，对于每个人来说都是这样。但为什么有些人生活富足却唉声叹气，有些人日子清苦，却也**自得其乐**呢？因为心态不同，心态好的人吃得香、睡得香，懂得享受生活；心态不好的人，看到的都是负向的一面，总觉得到处都是过不去的坎儿。对任何事，我们不应盲目乐观或消极；而对于人生，我们应该以乐观的心态面对生活，正所谓高兴也是一天，不高兴也是一天，为什么不高兴地过呢？

不知你有没有发现一种现象。有些人在某一阶段是很丧的状态，而正是这种状态影响了他的运气。然后就是一句我们经常听到的话——"我怎么这么倒霉，我怎么没有一件事是顺利的！"而如果调整了状态，哪怕再困难也很乐观，你会发现好运气也随之到来，会变得诸事顺遂。这是玄学吗？当然不是！

其实，当一个人在很丧很消极的状态下，别说把事情做好，他甚至连事情都不想做，那么他怎么会有好运气呢？都说好运气是留给有准备的人的，当你精神状态很差的时候，只想窝在那里，看见什么都觉得很烦，自然就事事不顺了。如果不能及时调整心态，久而久之就会恶性循环，还可能陷入抑郁难以自拔。困难是存在的，然而消极是无用的，既然无用，何不以乐观的心态面对人生？

痴妄和嗔念是大多数痛苦的根源

痴妄，其实可以理解为**痴心妄想**，虽然这样理解显得有些残酷，但事实就是如此，认清事实总比浑浑噩噩要好得多。每个人的起点不同、能力不同，我们要坦然接受这种现实。有些时候有些事，说得直白点，想想也就算了。这并不是要我们抛弃梦想抛弃目标，而是要我们正视自己，扔掉那些不符合自身实际的想法。

嗔念，就是别人没有按照自己的意愿和想法去做事情而产生发怒、

不开心等情绪。延伸一下也可以说是事情没有达到预想的结果而产生挫败感、痛苦感。想要别人按自己的意愿行事，达到自身预想的结果，有这种想法是正常的，而如果达不到，产生**挫败感和不适感**也是人之常情。但不能纵容这种不当的想法，更不能使之成为一种习惯性思维。因为一个显而易见的道理摆在眼前，为什么别人要按你的意愿来？任何人都没有义务按照你的意愿来行事。而事情达不到预想的效果更是再正常不过的。其实，很多人都明白这个道理，之所以痛苦，就是因为放不下嗔念，这正是我们应该自修自省之处，**不完满和挫折**是一种一直存在的自然，认清这一点，人生也许会轻松许多。

志向有度，
脚踏实地，切勿好高骛远

胸怀大志，必成大事。志向是一个人生活的目标，是努力的方向，就像航行中的彼岸，如果不知道彼岸在哪里，那就成了无尽的随波逐流。志向远大才能有一番作为，成就一番事业。但志向要有度，要符合实际，不切合实际的志向就成了异想天开。

无志者常立志，有志者立长志

真正的有志者，清楚地知道自己要的是什么，有梦想并能为之付出努力。有志者，确定了目标就会撸起袖子加油干，遇到困难战胜困难，遇到问题解决问题。有志者，在朝着志向努力的路上，无论遇见什么挫折，都不会怨天尤人，而是提升自己起身再战。

而无志者，总是今天立志、明天立志。在这样的人当中，不乏一些人甚至连自己到底要什么都不知道，他们的志向，只是对别人的某种东西产生羡慕，就立一个所谓的志向。这种"志向"是直接的、功利的，其实并不能称之为志向，也不具有持久性。又或者，他们确实有了目标，稍遇困难就退缩，想到的不是迎难而上，而是重新立志。寻找一个正确的方向是有必要的，但这并不等同于浅尝辄止，这也是无志之人的表现。

志向的实现，需要雷打不动地坚持，并非一日之功。以不停地转换来面对问题，是不可能实现梦想的，到最后只能是一事无成。

切勿好高骛远

  我们经常会听到一些人总是把"我要做某某大事""等以后我要成为某某翘楚"这样的话挂在嘴边。而在实际工作中，他们连分内之事都做不好，还总觉得自己怀才不遇。

  无志向的人，人生难免有缺憾，但**好高骛远**同样难成大事，不但是因为目标过于高远不切实际，更因为他们的志向往往只停留在嘴上。好高骛远的人是瞧不起小目标的，仿佛只有确立一个宏大的目标才能体现出他们的出类拔萃，而这种目标又是**脱离现实**、难以企及的。

  这种人还习惯于找理由。他们总是觉得缺少一个机会，没有成功是因为上帝没有眷顾他们，殊不知，真的有机会他们也是把握不住的。有了机会，还要付诸实践、付出努力，一屋不扫何以扫天下？连眼前的事情都做得不尽如人意，难道做大事就能做好吗？这是绝无可能的。

立志切勿好高骛远，但志向过高也并非全然无益。将虚幻的憧憬变为切实可行的计划才能带来实质性的成就。那些口口声声说要成为某某翘楚的人，往往缺乏的不是志向，而是付诸行动的决心和勇气。他们害怕失败，害怕付出，更害怕将目标切实地分解为可执行的小目标，因为这样一来，他们就无法再找借口说遥不可及，无法再逃避责任。

然而，我们也不能因此就否定志向远大者的追求。志向是引领我们前行的灯塔。远大的志向，是对自己潜能的信任和对未来的期许。正如飞鸟需要蓝天的引领，我们也需要梦想的指引。但是，我们需要认识到，实现志向的过程是需要时间和努力的。我们要将高远的志向转化为脚踏实地的行动，分解为一个个切实可行的小目标，逐步朝着梦想迈进，而非停留在嘴边空谈。只有这样，我们才能真正实现我们的志向，创造属于自己的辉煌。

志向可分段实现

当你立下志向，锲而不舍地向它前行的时候，过程中也难免会气馁，毕竟再强大的人也有受挫的时候。这时，怀疑自我，自信心备受打击，都属于正常的反应，我们要做的是及时**调整心态**。

远大的志向、美好的梦想，都不是一蹴而就的，如果那么容易实现，也就不能称为志向和梦想了。如果你觉得你的志向具有可行性但又遥不可及时，不妨对它进行分段，设立一些**阶段性的小目标**是不错的方式。针对小目标制订计划，有的放矢。随着小目标的不断实现，你也就变得越来越经验丰富，后面的路也就越走越宽。在这个过程中，你会看见自己不断地在**向梦想靠近**，也会不断地得到阶段性的成就感，而不是总觉得长路漫漫，这种**小目标的不断实现**，也是对自身的一种鼓舞。即便到最后，没有能实现终极目标，也一样收获满满。